THE DOPING EFFECT OF

DOUBLE-PEROVSKITE-MAGNETORESISTANCE OXIDE

双钙钛矿型磁电阻

氧化物的掺杂效应

张 芹 著

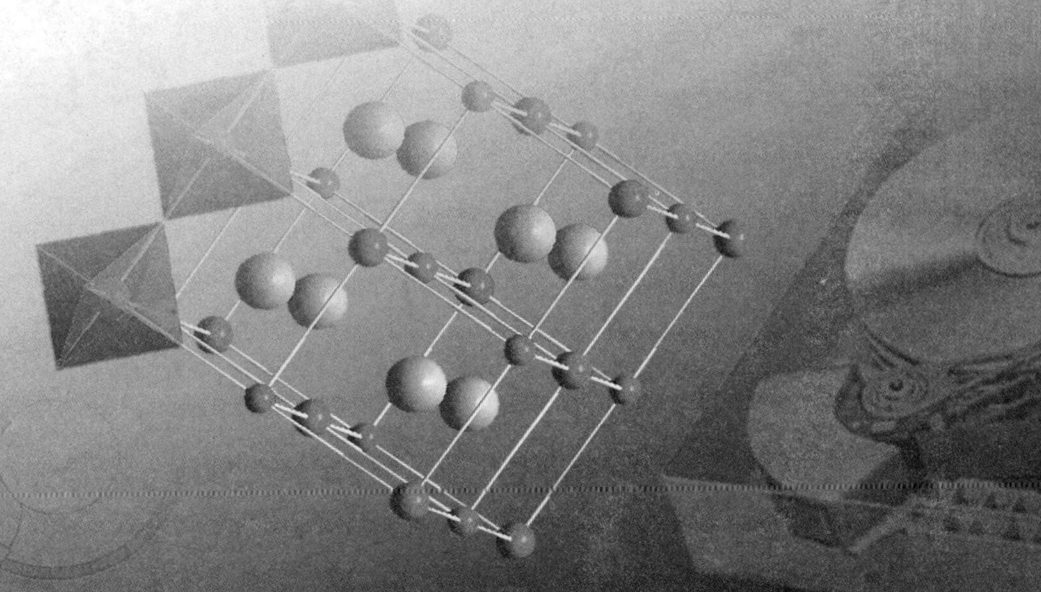

内 容 提 要

随着磁电阻效应在计算机存储、传感器等高新技术领域的成功应用，磁电阻材料近年来也受到研究人员的广泛关注。本书主要讨论新型磁电阻氧化物 Sr_2FeMoO_6 的阳离子掺杂效应，共分五章。第一章主要介绍了双钙钛矿氧化物 Sr_2FeMoO_6 的晶体结构及其磁电阻效应，是全书的基础。第二章主要介绍了本书中涉及的几种实验技术的原理、实验方法及数据处理，为后续数据分析提供技术保障。第三、四、五章分别分析了 Sr_2FeMoO_6 化合物的3d过渡金属元素掺杂、电子掺杂及空穴掺杂效应。由于其高于室温的居里温度和较大的室温低场磁电阻效应，Sr_2FeMoO_6 被认为是最有可能实现应用的磁电阻材料。掺杂技术亦是改善材料性能和揭示材料物理本质的有效手段。

本书可作为初涉足磁电阻化合物科学研究人员的参考用书。

作者简介

张芹,1978 年 10 月生。2006 年于中国科学院物理研究所获得凝聚态物理专业博士学位。同年 9 月到德国卡尔斯鲁厄研究中心从事博士后研究,从热力学角度系统分析了具有 Kagomé 结构的 $Co_3V_2O_8$ 以及具有螺旋磁结构的 MnSi 的磁相变问题。2008 年 8 月到山东交通学院工作,主要从事教学与磁性材料、超导材料方面的研究。主持国家自然科学基金项目《重稀土与双钙钛矿型化合物 Sr_2FeMoO_6 的耦合效应研究》、山东省高等学校科研计划项目《双钙钛矿型磁电阻薄膜的制备及性能研究》等。在 Physical Review B 等知名期刊以第一作者发表 SCI 论文 15 篇,“双钙钛矿型化合物的电子掺杂研究”获山东高等学校优秀科研成果奖三等奖。

前　言

本书中讨论的磁电阻效应是指材料的电阻率在外磁场作用下发生显著变化的行为，根据该效应开发的小型大容量硬盘已得到了广泛的应用。从一台 1954 年体积占满整间屋子的电脑，到一个如今非常普通、手掌般大小的硬盘，这种显而易见的变化充分说明了磁电阻效应的重大意义。于是，磁电阻效应也成了 2007 年度诺贝尔物理学奖的颁奖主题：法国物理学家阿尔贝·费尔（Albert Fert）和德国物理学家彼得·格林贝格尔（Peter Grunberg）因分别独立发现巨磁阻效应而共同分享了该年度科学界的最高奖项。

巨磁电阻效应是一种量子力学和凝聚态物理学现象，最早是德国物理学家彼得·格林贝格尔（Peter Grunberg）在研究铁—铬—铁三层单晶结构薄膜时发现的；不久法国物理学家阿尔贝·费尔（Albert Fert）在研究铁—铬超晶格薄膜时也发现随着外磁场的改变，这种周期性多层膜的磁电阻比率高达 50%，此后巨磁电阻效应受到各界的关注并相继投入应用。1994 年，美国物理学家 Jin 在钙钛矿型 La-Ca-Mn-O 薄膜中观察到高达 $10^5\%$ 量级的庞磁电阻效应，该效应的发现促使钙钛矿型氧化物得到了广泛的关注与深入细致的研究。作为与钙钛矿型氧化物紧密相关的独特一族，双钙钛矿型氧化物在巨磁电阻效应研究的广泛带动下也备受关注。本书中讨论的锶基双钙钛矿 Sr_2FeMoO_6，其居里温度在室温之上（约 420K）、室温下的磁电阻效应高达 10%，因此该材料被视为最有可能在室温下实现应用的磁电阻材料。

全书共五章。

第一章“绪论”，首先介绍了磁电阻效应中的巨磁电阻、隧穿磁电阻和庞磁电阻效应，及其在计算机硬盘、计算机内存及磁电阻传感器等高技术领域的应用；接下来详细分析了锶基双钙钛矿 Sr_2FeMoO_6 氧化物的晶体结构、电子结构和电磁性质，最后简单分析了该化合物的掺杂效应。

第二章“材料制备与实验方法及原理”，首先介绍了本书中涉及的磁电阻化合物的制备方法；接下来阐述了本书中涉及的各种实验技术的原理、实验方法及数据处理。

第三章“3d 过渡元素 V 在 Sr_2FeMoO_6 中的掺杂效应”，阐述了 3d 过渡元素

V 导致的 Sr_2FeMoO_6 化合物的晶体结构及电磁特性改变；同时系统分析了 X 射线衍射技术和中子衍射技术在确定 Sr_2FeMoO_6 化合物中金属原子及氧原子信息方面的优势和劣势；在此基础上联合 X 射线粉末衍射数据及中子粉末衍射数据分析了 V 元素在 $Sr_2(Fe_{1-x}V_x)MoO_6$ 化合物中的占位情况，发现掺入的 V 元素全部选择性占据了 Mo 子晶格。

第四章"磁电阻氧化物 Sr_2FeMoO_6 的电子掺杂效应"，主要分析了 $(Sr_{2-3x}La_{2x}Ba_x)FeMoO_6$ 系列轻稀土掺杂的 $(Sr_{1.85}Ln_{0.15})FeMoO_6$（Ln = Sr、La、Ce、Pr、Nd、Sm、Eu）和 $(Sr_{2-x}Eu_x)FeMoO_6$ 化合物，发现电子掺杂导致的晶体结构畸变对化合物的电磁特性产生了较大影响；另外虽然稀土元素具有相似的光学和化学特性，但稀土元素在 Sr_2FeMoO_6 化合物中的表现也不尽相同，值得我们深入研究。

第五章"磁电阻氧化物 Sr_2FeMoO_6 的空穴掺杂效应"，主要分析了碱金属 Na 掺杂引发的空穴在该化合物中的作用，结果发现，空穴掺杂与电子掺杂类似，掺入的空穴选择性地进入自旋向下的子能带；然而与电子掺杂不同的是，化合物的磁相互作用随空穴掺杂呈非线性变化。

由于双钙钛矿氧化物掺杂效应的涵盖面较广，不同元素掺杂差异不小，因此本书不可能包括双钙钛矿掺杂效应的所有方面，挂一漏万在所难免，有待今后补充。

本书的出版得到了国家自然科学基金（青年基金：11304182）的资助；桂林电子科技大学的饶光辉教授、山东交通学院的原所佳教授对本书的编写提出了宝贵的修改意见；本书的出版还得到了山东交通学院理学院各位领导的大力支持，在此表示衷心感谢！

在本书的编写过程中，参考了国内外大量的文献资料，在此向所有对本书做出贡献的同仁们致以深切的谢意！

张　芹

2015 年 5 月

目　录

第一章 绪 论

近年来，随着计算机行业的兴起与发展，自旋电子器件技术在信息存储行业得到越来越广泛的应用。现在的大多数笔记本电脑都配置了大容量的硬盘，其每平方英寸硬盘面积上存储的数据达到了前所未有的水平。这些器件利用了一种被称为巨磁阻(GMR)的磁电阻效应来读出高密度的数据。因此，近年来磁电阻效应和磁电阻材料一直是凝聚态物理学和材料科学领域的研究热点。

第一节 磁电阻效应及其应用

一、磁电阻效应

早在19世纪末，英国科学家汤姆逊发现电子之后，人们就知道电子有一个重要特征，就是每一个电子都携带一定的电量，即基本电荷($e = 1.602\ 19 \times 10^{-19}$ C)。到20世纪20年代中期，量子力学的诞生又告诉人们，电子除携带电荷之外还有另一个重要属性，就是自旋。与电荷载流子相比，自旋载流子有两大特点：其一，它可以很容易地由外场控制；其二，自旋载流子具有很长的弛豫时间，而电荷载流子很容易被缺陷或杂质散射而改变其原来的状态。在此背景下，自旋电子学应运而生，它是一门磁学和微电子学相交叉的新兴学科，其英文名称为Spintronics，是由Spin和Electronics两词合并创造出来的。

磁电阻(magnetoresistance，MR)效应，就是材料的电阻率在外磁场的作用下发生变化的现象。对于非磁金属，电子在磁场中运动时由于受到洛仑兹力的作用会产生偏转或回旋，因而使得电阻增大。但通常这种变化是微不足道的，而且与电子的自旋基本无关。目前人们所说的磁电阻效应是指在外磁场作用下电阻发生显著变化的行为，其大小一般用式(1-1)或式(1-2)来表示：

$$\mathrm{MR}=\frac{\rho(T,0)-\rho(T,H)}{\rho(T,0)}\times 100\% \tag{1-1}$$

$$\mathrm{MR}=\frac{\rho(T,H)-\rho(T,0)}{\rho(T,H)}\times 100\% \tag{1-2}$$

其中，$\rho(T,H)$、$\rho(T,0)$代表温度为T、磁场分别为H和零时的电阻率。根据磁场下电阻的增加或减小，磁电阻效应分为正磁电阻效应(MR >0)和负磁电阻效应(MR <0)。图1-1给出了各种磁电阻效应组成的磁电阻家族。

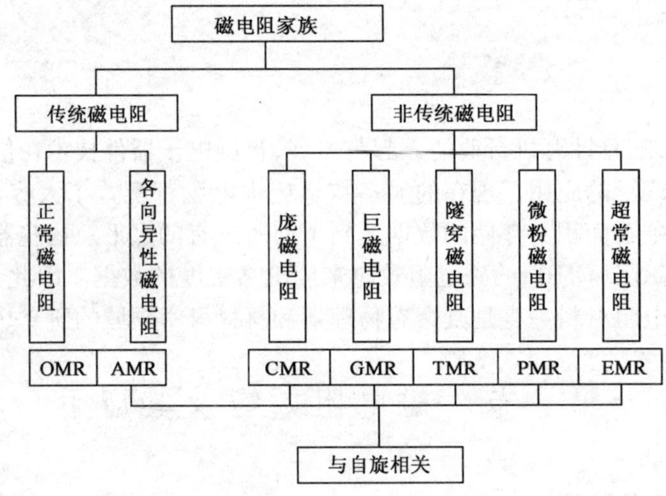

图1-1　各种磁电阻示意图

二、磁电阻效应的应用

1. 巨磁电阻效应在计算机硬盘中的应用

众所周知，硬盘读取数据是通过磁头来完成的。最早的磁头是采用锰铁磁体制成的，该类磁头是通过电磁感应的方式读写数据。然而，信息技术发展对存储容量的要求不断提高，这类磁头难以满足实际需求。因为使用这种磁头，磁致电阻的变化仅为1%~2%，读取数据要求一定的强度的磁场，且磁道密度不能太大，因此使用传统磁头的硬盘最大容量只能达到每平方英寸20Mb。硬盘体积不断变小，容量却不断变大时，势必要求磁盘上每一个被划分出来的独立区域越来越小，这些区域所记录的磁信号也就越来越弱。

于是采用锰铁磁体制成的磁头很快就被一种分离式结构的磁电阻(MR)磁头替代。但随着单碟容量的不断增加，MR磁头也到了读取的极限。这样人们很快就意识到巨磁电阻(GMR)材料的重要性。1994 年,IBM 公司首次把 GMR 材料用于制造巨磁阻自旋阀结构读出磁头(GMR Spin Valve),当年就获得了每平方英寸 10 亿位($1Gb/in^2$)的面密度世界纪录;1995 ~ 1996 年,IBM 的硬盘面密度继续领先,达到 $5Gb/in^2$。这些新技术、新产品给 IBM 公司带来了上百亿美元的收入。近年来,研究人员通过引入纳米厚度的氧化物反射层和人造反铁磁耦合技术对 GMR 磁头的结构进行改进,使硬盘的面密度迅速突破了 $100Gb/in^2$ 的数量级。硬盘的体积越来越小,容量越来越大,转换信号的清晰度越来越高,从而引发了硬盘容量与质量的根本变革。

2. 巨磁电阻效应在计算机内存中的应用

内存用来存放计算机正在使用(或执行中)的数据或程序。过去,内存广泛采用的随机存储器(RAM)主要是半导体动态存储器(DRAM)和静态存储器(SRAM)。但这两种均为易失性的存储器,即当机件断电时,所存数据易丢失。这些年来,人们用 GMR 研制成了巨磁电阻随机存储器(MRAM),它是一种非挥发性的随机存储器。所谓非挥发性是指关电源后,仍可保持记忆完整,只有在外界的磁场影响下,才会使它改变存储的数据。运用 MRAM,大大降低了器件的生产成本,在容量和运行速度上均超过半导体存储器。目前 IBM、摩托罗拉和西门子等公司都在不断研究与推出新一代 MRAM。另外,由于 MRAM 具有抗辐射性能强、寿命长等特点,使它在军事和航空航天中的应用有重要意义。它对民用工业中的传真机、固态录像机等大容量电子存储器都具有良好的应用前景。

3. 巨磁电阻效应在传感器领域的应用

磁传感器主要用来检查磁场的存在、强弱、方向和变化。在 GMR 传感器之前,人们主要是用 AMR 材料制作的传感器。由于 AMR 磁电阻率变化小,在检测微弱磁场时受到限制。随着纳米电子学的飞速发展,电子元件的微型化和高度集成化要求测量系统也要微型化。在 21 世纪,超导量子相干器件、超微霍耳探测器和超微磁场探测器将成为纳米电子学中的主要角色。其中以巨磁电阻效应为基础设计超微磁场传感器,要求能探测 $10^{-2} \sim 10^{-6}$T 的磁通密度。如此低的磁通密度在过去是无法测量的,特别是在超微系统测量如此微弱的磁通密度十分困难,而巨磁电阻传感器可以完成这个任务。同时巨磁阻传感器具有抗恶劣环境的特点,再加上体积小、功耗少,可靠性强等优势,它将逐步取代霍尔传感器、感应线圈传感器等传统产品。

目前巨磁阻传感器在生命科学研究领域也发挥了重要的作用:一是将磁性颗粒表面包上一层抗体,使这种抗体只与特定的被分析物(如病毒、细菌等)结合,因而可附着在生物样本上作为磁性标记或作生物示踪;二是在 GMR 传感器上也附着同样的磁性标记,当用传感器检测含有被分析物的溶液时,两磁性标记间磁场的变化就会导致 GMR 传感器输出的变化,因而可依据输出信号的变化来确定被分析物的各项信息。

最后,巨磁阻传感器在汽车电子技术、机电一体化控制、家用电器、卫星定位以及精密测量技术中都具有广阔的开发与应用价值。

第二节　典型磁电阻效应

本节主要讨论与自旋相关的巨磁电阻效应(GMR)、隧穿磁电阻效应(TMR)和庞磁电阻效应(CMR)。

一、巨磁电阻效应(GMR)

1986 年,德国尤利希研究中心的物理学家彼得·格伦贝格尔(Peter Grunberg)采用分子束外延法制备了铁—铬—铁三层单晶结构薄膜。在薄膜的两层纳米级铁层之间夹有厚度为 0.8nm 的铬层,实验中逐步减小薄膜上的外磁场,直到取消外磁场,发现膜两边的两个铁磁层磁矩从彼此平行(较强磁场下)转变为彼此反平行(弱磁场下)。也就是说,对于非铁磁层铬的某个特定厚度,没有外磁场时两边铁磁层的磁矩是反平行的,这个新现象成为巨磁电阻效应出现的前提。格伦贝格尔接下来发现,两个铁磁层磁矩反平行时对应高电阻状态,平行时对应低电阻状态,两个状态的电阻差别高达 10%。

1988 年巴黎十一大学固体物理实验室的物理学家阿尔贝·费尔(Albert Fert)研究小组将铁、铬薄膜交替制成几十个周期的铁—铬超晶格。实验发现,当改变薄膜的外磁场时,超晶格薄膜的电阻下降一半,即磁电阻比率高达 50%,他们也把这个前所未有的电阻的巨大变化称为巨磁电阻。

1990 年 IBM 公司的斯图尔特·帕金(S. P. Parkin)首次报道了除铁—铬超晶格外,钴—钌和钴—铬超晶格也具有巨磁电阻效应。在随后的几年,帕金和世界范围的科学家在过渡金属超晶格和金属多层膜中,陆续发现了 20 多种具有巨磁电阻现象的不同体系。随后,巨磁电阻效应立即受到各界的关注,大量科研人员开始研究其原理与应用。1994 年,第一种利用 GMR 效应制作的磁场传感器面世。1997 年 9 月,IBM 公司推出了用于硬盘驱动器的读磁头,大幅度提高了硬盘的容量。巨磁电阻效应还被应用于计算机中的固定存储器,1997 年 1 月,Honey well 公司演示了第一台 GMR 磁随机读写存储器(MRAM)。

巨磁电阻效应在自旋存储和传感器等高新技术领域的成功应用,使得阿尔贝·费尔(Albert Fert)和彼得·格伦贝格尔(Peter Grunberg)共同分享了2007年的诺贝尔物理学奖。瑞典皇家科学院在评价这项成就时表示,今年的诺贝尔物理学奖主要奖励用于读取硬盘数据的技术,得益于这项技术,硬盘在近年来迅速变得越来越小。诺贝尔评委会主席佩尔·卡尔松用两张图片的对比说明了巨磁阻的重大意义:一台1954年体积占满整间屋子的电脑和一个如今非常普通、手掌般大小的硬盘。正因为有了这两位科学家的发现,单位面积介质存储的信息量才得以大幅度提升。

正如我国一位科研人员所言:"看看你的计算机硬盘存储能力有多大,就知道他们的贡献有多大了。"司空见惯的笔记本电脑、MP3、U盘等消费品,都闪烁着耀眼的科学光芒。诺贝尔奖并不总是代表着深奥的理论和艰涩的知识,它往往就在我们身边,在我们不曾留意的日常生活中。

巨磁电阻效应可用Mott的二流体模型来解释[1]。图1-2和图1-3为零场及较大外磁场作用下传导电子的运动情况。零场时多层膜中同一磁性层中原子的磁矩排列方向一致,但相邻磁层原子的磁矩反平行排列。传导电子分为自旋向上和自旋向下的电子,多层膜中非磁性层对这两种传导电子的影响是相同的,而磁层的影响却完全不同。当两磁层的磁矩方向相反时,两种自旋状态的传导电子在穿过磁矩与其自旋方向相同的磁层后,必然在下一个磁层遇到与其方向相反的磁矩,并受到强烈的散射作用,宏观上表现为高电阻状态;当外场足够大时,磁层的磁矩都沿外场方向排列(图1-3),则自旋与其磁矩方向相同的电子受到的散射小,而方向相反的电子受到的散射作用强,宏观上表现出低电阻状态。图1-2和图1-3右侧的图表示相应的高阻态和低阻态的等效电路。

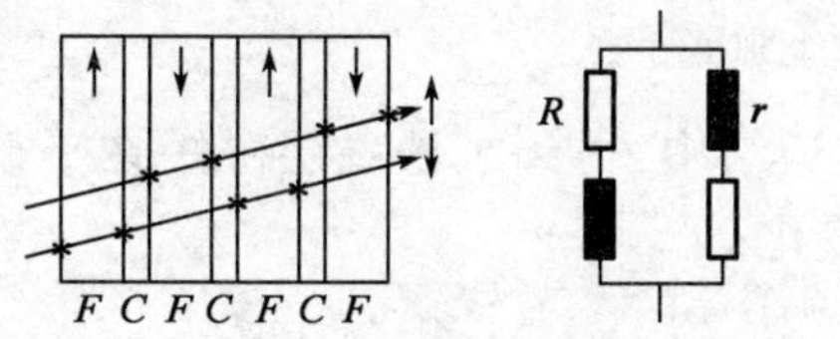

图1-2　零场时传导电子的运动状态

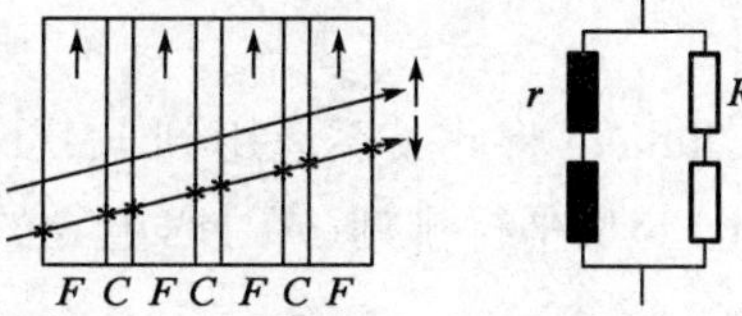

图1-3　强场时传导电子的运动状态

二、隧穿磁电阻效应(TMR)

隧穿是指电子不需要足够的能量就能穿越势垒的一种重要现象,该现象发生在"磁性金属/非磁绝缘体/磁性金属"(FM/I/FM)隧道结中。如图1-4所示,当两铁磁电极的磁化方向平行时,一个电极中多数自旋子带的电子将进入另一个电极中多数自旋子带的空态，同时少数自旋子带的电子也从一个电极进入另一个电极的少数自旋子带的空态；当两铁磁电极的磁化方向反平行时，一个电极中多数自旋子带的自旋与另一个电极的少数自旋子带的电子自旋平行，于是隧道电导过程中一个电极的多数自旋子带的电子必须在另一个电极中寻找少数自旋子带的空态，因此其隧道电导必然与两电极的磁化方向平行时的电导有差别。也就是说，当改变两个铁磁电极的磁化强度相对取向时，电子在两个铁磁电极之间的隧穿几率随之改变，从而产生隧穿磁电阻效应（Tunneling Magnetoresistance，TMR）。早在20世纪70年代，Julliere就提出了著名的Julliere模型来解释存在于铁磁金属/绝缘层/铁磁金属（FM/I/FM）隧道结中的隧穿磁电阻现象[2]。根据隧穿理论，隧道结中的隧穿电导与左右两侧金属电极中电子在费米面上的态密度的乘积成正比：

$$G \propto N_L(E_F)N_R(E_F) \tag{1-3}$$

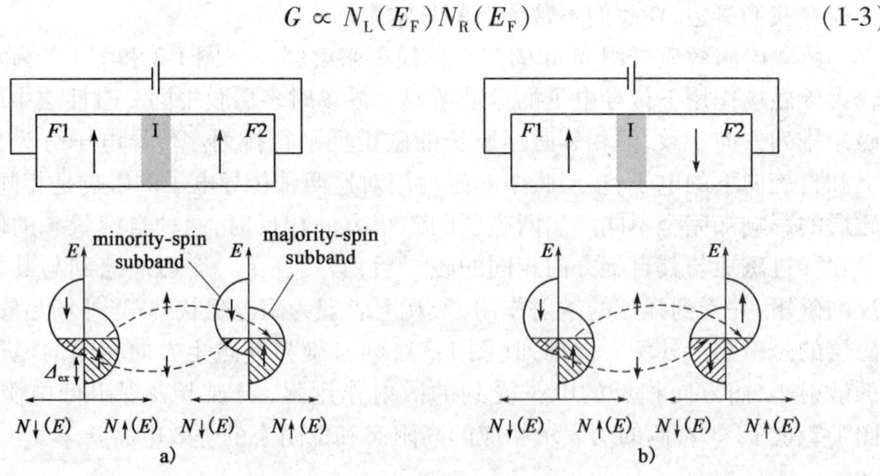

图1-4　TMR的物理机制

Julliere将此关系运用到FM/I/FM隧道结中，得到了铁磁层磁矩在平行排列（P）与反平行排列（AP）时电导的相对变化：

$$\frac{G_P - G_{AP}}{G_P} = \frac{2P_LP_R}{1 + P_LP_R} \tag{1-4}$$

式中，P_L，P_R分别是左右两侧铁磁金属的自旋极化率。1995年Moodera等人在他们制备的$CoFe/Al_2O_3/Co$隧道结中发现了在室温下仍能达到11.8%的隧穿磁电阻，从而掀起了对铁磁隧道结的研究热潮[3]。目前，作为硬盘下一代磁头的有力候选技术TMR磁头正向100Gb/in^{2}迈进。与完全由金属材料制成的GMR器件相比，隧道结的磁电阻也达到了实际应用的要求，而其中通过的电流要小得多,尤其适合于小功率的便携式产品。无论是 GMR 效应还是 TMR 效应,最本质的来源都是电子自旋极化输运,是自旋电子学研究的重要方面。

三、庞磁电阻效应(CMR)

与高温超导铜氧化物类似,锰氧化物也是钙钛矿型过渡金属氧化物家族中的重要一员。1994 年,Jin 等人在外延的 La-Ca-Mn-O 薄膜中观察到数值高达 $10^5\%$ 量级的磁电阻效应[根据公式(1-2)],这一磁电阻值远远大于常规材料的磁电阻和多层膜的 GMR 效应,因此被命名为庞磁电阻效应(CMR)[4]。其显著特征是该效应仅出现在材料的金属—绝缘体转变温度(T_{M-I})附近(通常低于室温),并且需要很高的磁场,这极大地限制了它的实际应用。CMR 效应产生的内在机制至今尚无定论,但相分离、双交换和 Jahn-Teller 畸变被认为是主要原因[5]。1998 年,日本科学家 Kobayashi 等人发现了双钙钛矿型化合物 Sr_2FeMoO_6,它的居里温度在室温之上(约 420K)[6],根据公式(1-2),300K、7T 时的磁电阻效应高达 10%。因此,这种材料立即被视为最有可能在室温下实现应用的磁电阻材料之一,并备受关注。研究发现,由于不等价离子的掺杂强烈地改变着材料的晶体结构和电子结构,导致其磁性和输运性质的多样化。所以,对双钙钛矿型氧化物的深入研究,不仅能揭示该材料物性所反映的深刻物理内涵,还有望在应用上获得更大的技术突破。

第三节　双钙钛矿型磁电阻化合物研究的发展与现状

一、晶体结构

双钙钛矿型氧化物是相应于钙钛矿型 ABO_3 氧化物而命名的,它们的通式可以表示为:$A_2BB'O_6$。如图 1-5a)所示,未畸变的钙钛矿型 ABO_3 氧化物具有 Pm3m 对称性的立方结构,如果从 B 位阳离子的配位多面体角度观察,钙钛矿型 ABO_3 氧化物结构是由 BO_6 八面体共顶点组成三维骨架,A 位阳离子则填充在所形成的截角立方体空隙中,如图 1-6a)所示。当 ABO_3 氧化物单胞中的 B 位被两种不同阳离子所占据,且这两种阳离子以 NaCl 型结构有序排列时,就形成了一种双钙钛矿结构的 $A_2BB'O_6$ 氧化物[图 1-5b)]。如果从 B/B' 位阳离子的配位多面体角度观察,标准的双钙钛矿型 $A_2BB'O_6$ 氧化物可以看作是由不同的 BO_6 八面体和 $B'O_6$ 八面体相间交替共顶点排列组成的三维骨架,A 位阳离子则填充在所形成的截角立方体空隙中，如图 1-6b)所示。

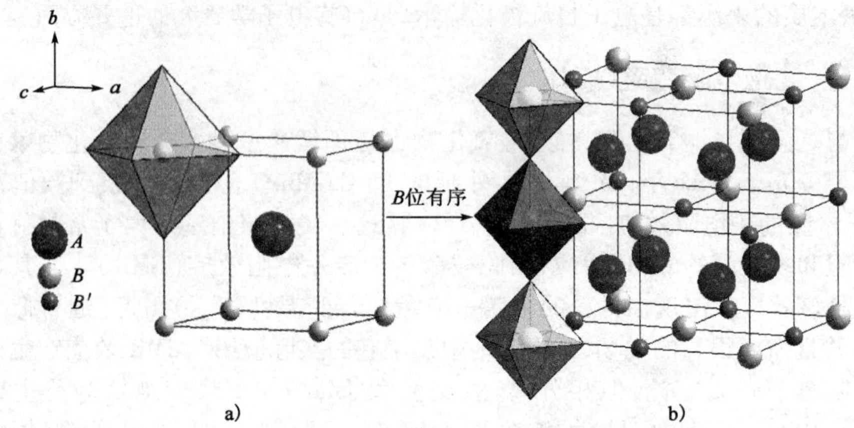

图 1-5　单钙钛矿与双钙钛框型晶体结构对比示意图

（为清楚起见，氧原子没有画出）

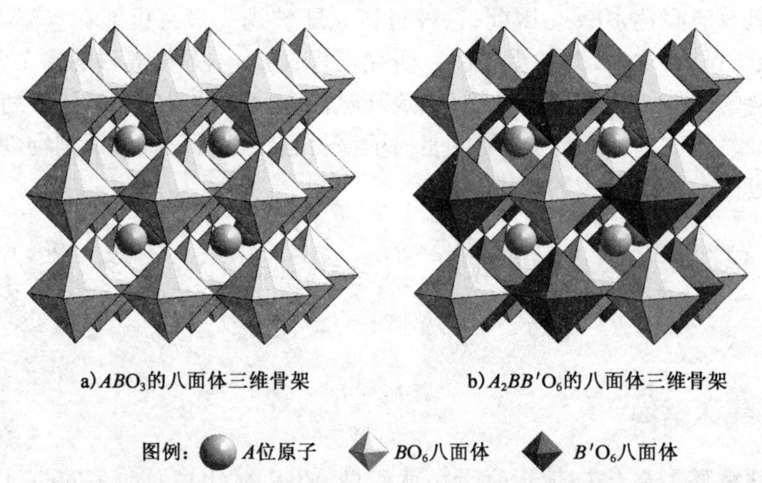

图 1-6　单钙钛矿与双钙钛矿型结构八面体三维骨架对比示意图

Sr_2FeMoO_6 属于典型的双钙钛矿型 $A_2BB'O_6$ 结构，其中 Fe 和 Mo 分别有序地占据 B 和 B'位置，呈 NaCl 型结构相间排列。如果从配位多面体的角度来看，Sr_2FeMoO_6 也可以看作是 FeO_6 八面体和 MoO_6 八面体在三维空间以共顶点的方式相间排列组成三维框架，Sr 则充填在由八个八面体所围成的孔隙的中心位置。由于 A 位、B 位及 B'位占据的离子 Sr^{2+}、Fe^{3+}、Mo^{5+} 并不是像标准立方双层钙钛矿结构那样完全匹配，所以，在常温下其结构并非为立方对称，而是沿 c 轴方向有一个拉伸和旋转，畸变为四方对称。然而，当 A 位由半径较小的 Sr^{2+} 离子

被半径较大的 Ba^{2+} 替代后，对称性又提高到立方对称。

Tomioka[7] 等通过对 Sr_2FeMoO_6 单晶的 X 射线衍射谱分析指出，室温下 Sr_2FeMoO_6 属于四方晶格，空间群为 I4/mmm，$a=5.577(3)$ Å（$\approx\sqrt{2}a_p$），$c=7.887(4)$ Å（$\approx 2a_p$），a_p 为原始立方钙钛矿单胞参数，Wyckoff 位置为：Sr4d、Fe2a、Mo2b、O18h、O24e。根据他们的结构数据可以得出，FeO_6 八面体沿着 a、b、c 三个方向均膨胀，而 MoO_6 八面体则收缩。Ritter[8] 等则认为，Sr_2FeMoO_6 的空间群为 $P4_2/m$，$a\approx\sqrt{2}a_p$，$c\approx 2a_p$，Wyckoff 位置为：Sr12e、Sr22f、Fe2d、Mo2c、O14j、O24j、O34i。然而，后来的几个中子衍射实验分析结果认为 I4/m 空间群更适合描述 Sr_2FeMoO_6 的晶体结构[9,10]，$a\approx\sqrt{2}a_p$，$c\approx 2a_p$，Wyckoff 位置为：Sr4d、Fe2a、Mo2b、O18h、O24e，本工作中的结构数据都是根据该空间群进行指标化和精修的。Blasco[11] 等通过分析对比指出，实际上空间群 $P4_2/m$ 和 I4/m 是等价的。在 I4/m 空间群中，O 有两个非等效位置 O14e(00z) 和 O28h(xy0)；而在 $P4_2/m$ 空间群中，O 有三个非等效位置 OⅠ4j(xy0)、OⅡ4j(xy0) 和 OⅢ4g(00z)。如果将 $P4_2/m$ 空间群中 OⅠ、OⅡ的位置加以限制：$x_{O\mathrm{I}}=y_{O\mathrm{I}}$，$x_{O\mathrm{II}}=-x_{O\mathrm{I}}$ 和 $y_{O\mathrm{II}}=x_{O\mathrm{I}}+1/2$，那么这个限制就将 $P4_2/m$ 空间群的对称性提高到了 I4/m 空间群。在 Ritter[8]9 等人的中子衍射结构精修中实际上对 OⅠ、OⅡ位置做了上述限制。在空间群 I4/m 和 I4/mmm 中，二者都存在 FeO_6 八面体和 MoO_6 八面体的畸变情况，但其区别在于 I4/m 空间群允许 FeO_6 八面体绕其 c 轴有一个旋转，MoO_6 八面体相应地有一个向相反方向的旋转（图 1-7），而 I4/mmm 空间群是不允许这种八面体旋转的。

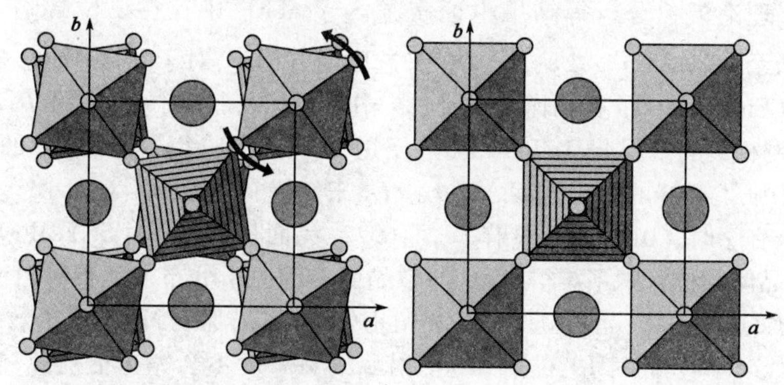

图 1-7 双钙钛矿型 Sr_2FeMoO_6 氧化物的 I4/m 和 I4/mmm 空间群结构对比示意图

Chmaissem[9]9 等通过对 Sr_2FeMoO_6 多晶样品的高温中子衍射研究发现，在居里温度以上，Sr_2FeMoO_6 由原来的四方晶格转变成立方晶格，空间群为 $Fm\bar{3}m$，即 Fe-O 键长在 a、b、c 三个方向均相等，FeO_6 八面体为正八面体且没有旋转，

MoO_6 八面体亦如此，只是 FeO_6 八面体较 MoO_6 八面体大，这是因为 Fe^{3+} 的有效离子半径 0.645Å 比 Mo^{5+} 的有效离子半径 0.61Å 大[12]。

Anderson 等人对 $A_2B'B''O_6$ 中 B 位阳离子排列情况的研究结果表明，随着 B'、B''阳离子电荷差别和尺寸差别的增大，二者在 $A_2B'B''O_6$ 氧化物中越来越趋向于 NaCl 型结构有序排列[13]。如图 1-8 所示，当 B'、B''阳离子的电荷差别大于 2、离子半径差别大于 0.2Å 时，B 位阳离子在 $A_2B'B''O_6$ 中主要呈 NaCl 型结构相间交替排列；当二者电荷差别小于 2 时，不管其离子半径差别为多大，B 位阳离子都是随机分布在 B'、B''位置，而不是有序排列；而若二者电荷差别恰好等于 2、离子半径差别小于 0.2Å 时，上述两种情况都有可能发生。也就是说，在 $A_2B'B''O_6$ 氧化物中，B 位阳离子有序排列与否主要取决于 B'、B''位阳离子的电荷差别，此外，二者的离子半径差别也是一个很重要的影响因素。具体到双钙钛矿氧化物 Sr_2FeMoO_6 中，由于 B 位阳离子主要呈 Fe^{3+}、Mo^{5+}，电荷差别恰好等于 2，而离子半径差别为 0.035Å，因此 Fe^{3+}、Mo^{5+} 离子在 B'、B''位置既可能随机分布也可能以 NaCl 型结构相间交替排列。当 Fe^{3+}、Mo^{5+} 离子全部以 NaCl 型结构有序分布在 B'、B''位置时，Sr_2FeMoO_6 氧化物即呈完全有序状态；若一部分 Fe^{3+} 离子出现在 B''位置，同时有相同量的 Mo^{5+} 离子占据 B'位置，我们称之为反位缺陷（Anti-Site，AS），此时化合物的有序度可用 $\eta = 1 - \mathrm{AS}$ 表示，当 AS = 0 时，$\eta = 100\%$，化合物呈完全有序状态；当 AS = 0.5 时，Fe^{3+}、Mo^{5+} 离子随机分布在 B'、B''位置，化合物呈完全无序状态。本工作中的有序度都是根据此公式计算得到的。磁矩测量分析、理论模拟分析等结果也证实了 Sr_2FeMoO_6 中存在反位缺陷[14-17]。如图 1-9所示，假如以 $a \approx \sqrt{2}a_p$，$c \approx 2a_p$ 来选取四方单胞，对于 Sr_2FeMoO_6 多晶 X 射线衍射（CuKα）$\theta \sim 2\theta$ 扫描谱图来说，$2\theta = 19°$的（011）衍射峰正是和 B、B'位的有序度紧密相关的。因此，L. Balcells 等便用 19°的（011）衍射峰和 32°的（020）+（112）最强衍射峰的积分强度之比 $I_{19°}/I_{32°}$ 来衡量有序度的相对大小[18]。当 Fe、Mo 完全有序时，（011）晶面只有 Fe，而（022）晶面只有 Mo，由 Sr_2FeMoO_6 的结构数据及晶体结构知识不难得出，这两个晶面上的原子分布密度相等，且（011）晶面上的原子和（022）晶面上的原子相角正好差 180°，但是 Mo 的原子散射因子比 Fe 的大，这样，它们对 19°的（011）衍射峰的贡献就不会完全抵消掉；随着反位缺陷浓度的增大，（011）晶面上的原子和（022）晶面上的原子对 19°的（011）衍射峰的贡献就逐渐抵消；当 Fe、Mo 完全无序时，即 Fe、Mo 在（011）晶面和（022）晶面出现的几率相等时，这两个晶面上的原子对 19°的（011）衍射峰的贡献完全抵消，这时，19°的（011）衍射峰也就消失了。

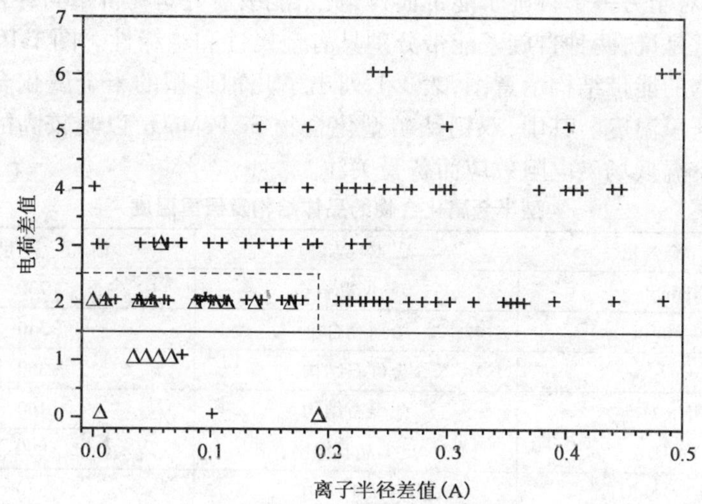

图 1-8 $A_2B'B''O_6$ 氧化物中 B 位阳离子排列随 B'、B'' 位阳离子电荷差别和离子半径差别的变化

注：+表示 Nacl 结构，Δ 表示自由分布，* 表示层状分布。

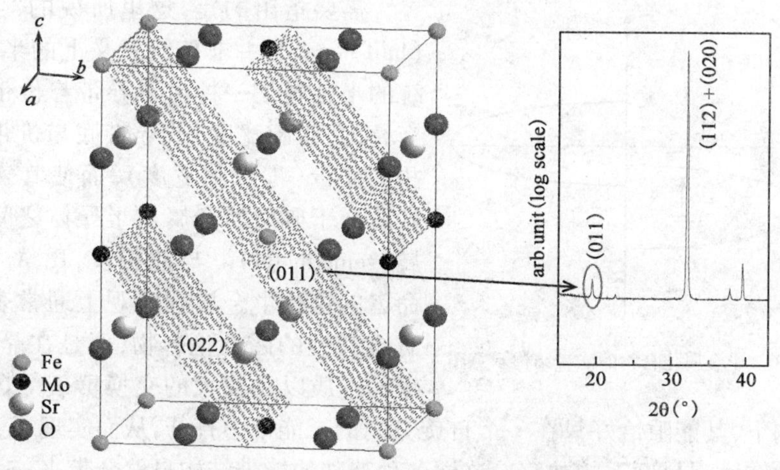

图 1-9 Sr_2FeMoO_6 中 Fe、Mo 有序结构示意图

二、电子结构

研究发现，具有室温磁电阻效应的双钙钛矿型氧化物一般都具有半金属这一独特性质。半金属性的概念是 R. A. de Groot 等人在 1983 年提出的[19]。具体来讲就是指，化合物的两个自旋子能带中只有一个自旋子能带在费米面上有传

导电子，而对于另一个自旋子能带而言，费米能级恰好落在价带与导带之间的能隙中。也就是说，两种自旋子能带分别具有金属性和绝缘性。图 1-10 给出了半金属化合物的能带结构示意图，表 1-1 列出了几种典型的半金属化合物及其晶体结构和居里温度。其中，双钙钛矿型化合物 Sr_2FeMoO_6 以其较高的居里温度和较大的室温低场磁电阻效应而备受关注。

典型半金属化合物的晶体结构及居里温度 表 1-1

化 合 物	晶 体 结 构	居 里 温 度(K)
NiMnSb	半哈斯勒合金	730
Ni_2MnGa	哈斯勒合金	340
CrO_2	金红石结构	390
$TiMn_2O_7$	焦绿石结构	160
Fe_3O_4	反尖晶石结构	860
$(La,Sr)MnO_3$	钙钛矿结构	370
Sr_2FeMoO_6	双钙钛矿结构	420
CrAs	闪锌矿结构	室温以上

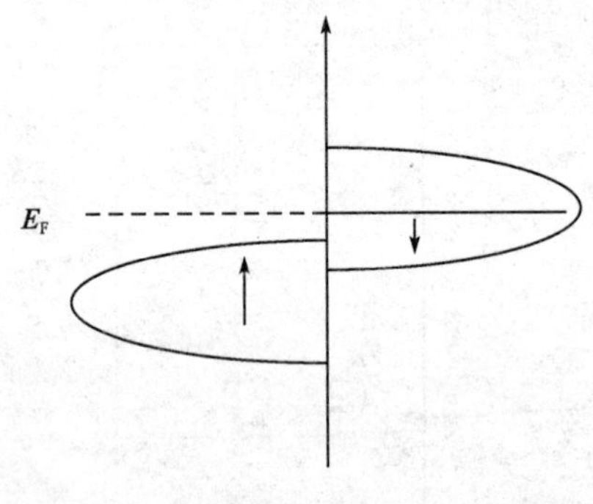

图 1-10 半金属化合物的能带结构示意图

需要指出的是，这里所说的“半金属”(half - metal)并非传统意义上的半金属，传统的半金属是一种由于导带与价带有少量交叠(负带隙宽度)或导带底与价带顶具有相同能量(零带隙宽度)，而使其宏观输运性质介于典型的金属与半导体之间的半金属(semi metal)。与此相反，R. A. de Groot 命名的这种半金属在宏观上通常表现为具有金属性的磁性化合物，但是在晶体结构、键的性质以及较大的交换劈裂等因素的共同影响下，其能隙恰好只在一个自旋方向的子能带中打开，从而实现了金属性与绝缘性在微观尺度下的共存。这样一种特殊的能带结构自然会带来一系列特殊的性质，其中最显著的表现是传导电子的完全自旋极化。如前所述，半金属只有一个自旋子能带在费米面上有传导电子分布，因而所有的传导电子都具有相同的自旋方向，根据自旋极化率 P 的一般定义有：

$$P = \frac{[N_{\uparrow}(E) - N_{\downarrow}(E)]}{[N_{\uparrow}(E) + N_{\downarrow}(E)]} \tag{1-5}$$

其中，$N_{\alpha}(E)$是能级 E 上自旋为 α 的电子态密度($\alpha = \uparrow, \downarrow$)。半金属在费

米能级上的电子自旋极化率为百分之百($P = \pm 100\%$),远远超过了一般铁磁金属及其合金的极化率范围($P = 10\% \sim 40\%$)。

在 Sr_2FeMoO_6 中,Fe 离子和 Mo 离子是磁性离子,公认的价态组合是(Fe^{3+},Mo^{5+}),Fe^{3+} 离子的电子组态为 $t_{2g}^3e_g^2$ ↑($3d^5$),总自旋 $S = 5/2$,主要为局域态,而 Mo^{5+} 离子的电子组态为 t_{2g}^1($4d^1$),总自旋 $S = 1/2$,t_{2g} 电子因具有巡游特性而成为导电电子。如图 1-11 所示,由于 Fe^{3+} 呈高自旋态,其 d 轨道劈裂成自旋向上和自旋向下的两个态,且 Fe 的($\pi^* - \beta$)能级和 Mo 的($\pi^* - \beta$)能级非常接近,这样,空的 Fe^{3+} 下自旋态就和被一个电子占据的 Mo^{5+} 的下自旋态简并形成一个窄的能带。在这个能带上的电子的自旋与 Fe^{3+} 上自旋态($\pi^* - \alpha$、$\sigma^* - \alpha$)上的局域电子的自旋呈反平行排列。

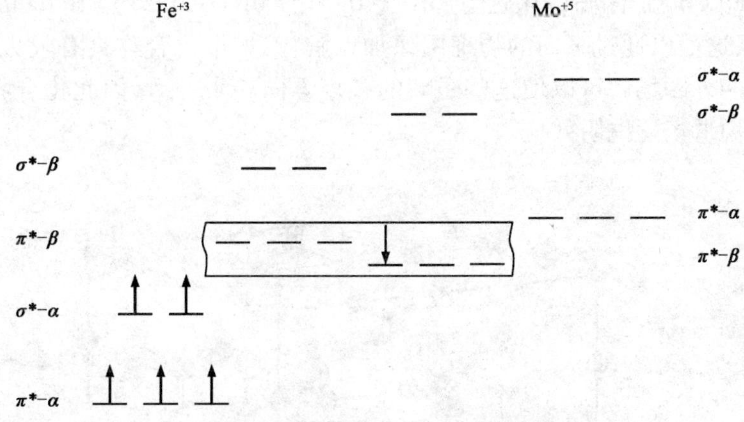

图 1-11 $Ba_2FeMoO6$ 的能级示意图

注:据 A. W. Sleight 等,图中各能级实际上是考虑了 O 的贡献后的分子能级。

Sr_2FeMoO_6 能带结构的计算表明,在自旋向上的子能带中,费米能级以下主要由 Fe 的 $3d$ 电子和 O 的 $2p$ 电子杂化占据,费米能级以上主要由 Mo 的 t_{2g} 和 e_g 电子占据,并形成一个窄的能隙(图 1-12),费米能级落在价带与导带之间的带隙中;而自旋向下的子能带主要由杂化的 O$2p$、Fe$3dt_{2g}$ 和 Mo$4dt_{2g}$ 电子占据,费米面上有传导电子,因此双钙钛矿型 Sr_2FeMoO_6 氧化物呈现半金属特性[20]。

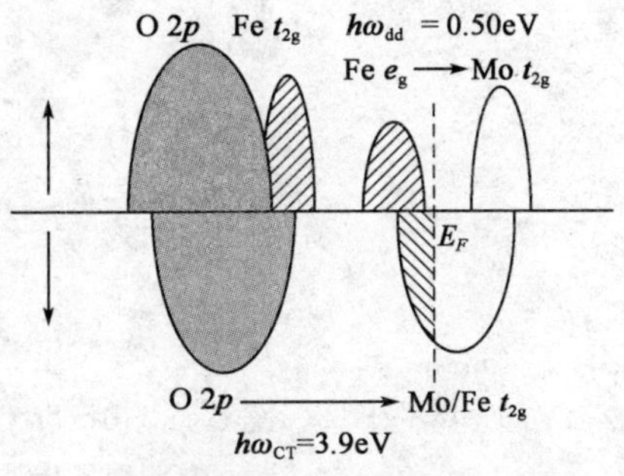

图 1-12 密度泛函计算所得的 Sr_2FeMoO_6 电子能带结构示意图

注:据 Tomioka 等的研究[11]9。

三、电磁性质

诸多实验结果表明，Sr_2FeMoO_6 的基态为半金属亚铁磁态[21-22]。如图 1-13 所示，Fe^{3+}离子与 Mo^{5+}离子呈反平行排列，理论饱和磁矩为 $4\mu_B/f.u.$。如前面所述，由于 Sr_2FeMoO_6 具有半金属特性，$Fe^{3+}3d^5$ 电子被局域化，而 $Mo^{5+}4d^1$ 电子是巡游的，因此，$Mo^{5+}4d^1$ 电子将在费米能级上产生负的100%的自旋极化，形成自旋极化载流子，这些自旋极化载流子在晶界隧穿时将会受到不同程度的散射，从而形成电阻。在外磁场作用下各个独立磁畴的磁矩方向趋于一致，这时磁畴壁对自旋极化载流子的散射被极大地抑制，从而降低了多晶 Sr_2FeMoO_6 的电阻率，Sr_2FeMoO_6 的隧穿磁电阻效应也就随之产生。根据 K. I. Kobayashi[6,8]9 的实验结果，Sr_2FeMoO_6 的归一化磁阻 MR(T,0.2T)/MR(0,0.2T)随$(M/M_S)^2$ 的增加而提高，这可以通过下面的物理图像加以解释：如果化合物具有较大的磁矩，那么很小的外磁场就可以使这些磁畴的磁矩方向趋于一致，因此化合物就具有较高的室温低场磁电阻效应。

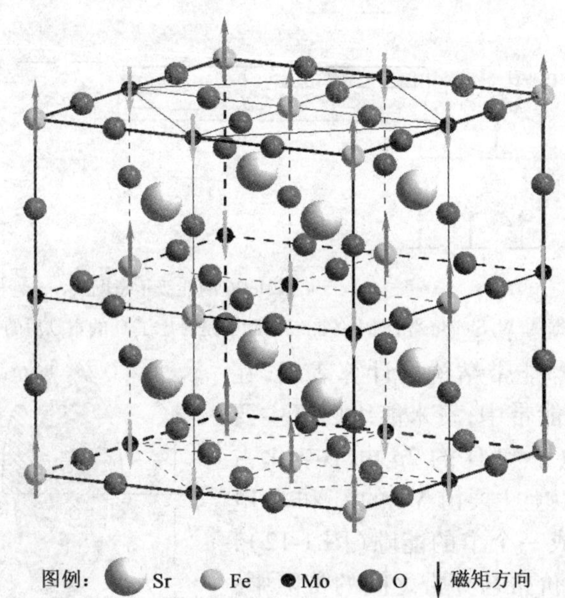

图 1-13　磁性双层钙钛矿氧化物 Sr_2FeMoO_6 中磁有序（亚铁磁或反铁磁排布）示意图。

注：八个 Sr 原子分别位于八个小立方体的体心位置。

另外，对于多晶样品，磁畴尺寸随着晶粒尺寸的减小而减小，这时只需要很低的磁场就可以使这些磁畴转动，从而产生较大的磁电阻效应。因此通过溶胶—凝胶法制备纳米尺寸的 Sr_2FeMoO_6 样品来提高其隧穿磁电阻效应也是一个行之有效的方法,这一点已被 Yuan 等的实验所证实[23]。近来,日本的一个科研小组通过将两种不同晶粒尺寸的 Sr_2FeMoO_6 样品混合起来制备新的 Sr_2FeMoO_6 化合物的方法来改善多晶样品的晶粒边界,从而大大提高了化合物的低场磁电阻效应[24]。然而,近年印度国家物理实验室的研究人员却发现了与上述相反的实验结果[25]。他们在研究铁位替代的 $Sr_2Fe_{1-x}Ag_xMoO_6$ 化合物的电磁特性时发现,Ag 掺杂使晶粒增大,晶界变得粗糙。然而,该化合物的低场磁电阻效应却随 Ag 掺杂量的提高而增大,这可能是由于非磁补丁 Mo-O-Ag-O-Mo 充当了绝缘遂穿势垒造成的。因此,该课题组的研究人员认为双钙钛矿体系的低场磁电阻效应在很大程度上取决于晶界特性。虽然上述结果略有不同,但都有力地证明,化合物的磁矩值、晶粒尺寸及晶粒边界都是影响其磁电阻效应的重要因素,同时这也正是 Sr_2FeMoO_6 单晶样品的室温低场磁电阻效应非常弱的原因之一。

大量研究结果显示,Sr_2FeMoO_6 氧化物中反位缺陷浓度的大小对其电磁性质具有较大影响[26-28]。首先,根据 García-Hernández 等人的研究结果[26]15,Sr_2FeMoO_6 氧化物的低场磁电阻效应(LFMR)随其反位缺陷浓度的增大而线性降低(图 1-14),这可以通过以下现象得以解释:由于反位缺陷的存在,Sr_2FeMoO_6 氧化物中很可能存在一些孤立分布的 Fe-O-Fe 反铁磁补丁和 Mo-O-Mo 顺磁补丁(图 1-15 上平面),这些补丁的存在阻碍了自旋极化载流子在晶粒间的隧穿。随着反位缺陷浓度的降低,这些反铁磁补丁的宽度就会减小,自旋极化载流子在晶界的隧穿就成为可能。低场下,磁畴的旋转使局域磁矩取向一致。这时,在 Fe-O-Fe反铁磁补丁不太大的情况下,Fe-O-Fe 补丁中的反铁磁相互作用与其周围铁磁畴施加的铁磁相互作用、相互竞争。因此,反铁磁有序会被部分破坏,有效地减小了补丁的宽度。所以,自旋极化载流子的晶界隧穿就比较容易,导致 Sr_2FeMoO_6 具有较高的室温低场磁电阻效应(图 1-15 下平面)。相反,如果 Fe-O-Fe 反铁磁补丁比较大的话,在低场下样品中的反铁磁相互作用占主导地位,电子输运路被阻塞,自旋极化载流子的晶界隧穿在很大程度上被抑制。很明显,随着反位缺陷浓度的增大,Fe-O-Fe 反铁磁相互作用逐渐增强,自旋极化载流子的晶界隧穿越来越困难,因此 Sr_2FeMoO_6 室温低场磁电阻效应就越来越小。第二,诸多实验和理论研究结果表明[15]10,由于 Fe^{3+} 离子的磁矩对整个 Sr_2FeMoO_6 磁矩贡献较大,当反铁磁性的 Fe-O-Fe 补丁形成时,这部分 Fe^{3+} 离子的磁矩对 Sr_2FeMoO_6 的磁矩的贡献消失。也就是说 Sr_2FeMoO_6 的饱和磁矩会由于反位缺陷的存在而急剧降低。Sr_2FeMoO_6 的饱和磁矩与反位缺陷浓度的关系可以通过简单的亚铁磁(FIM)

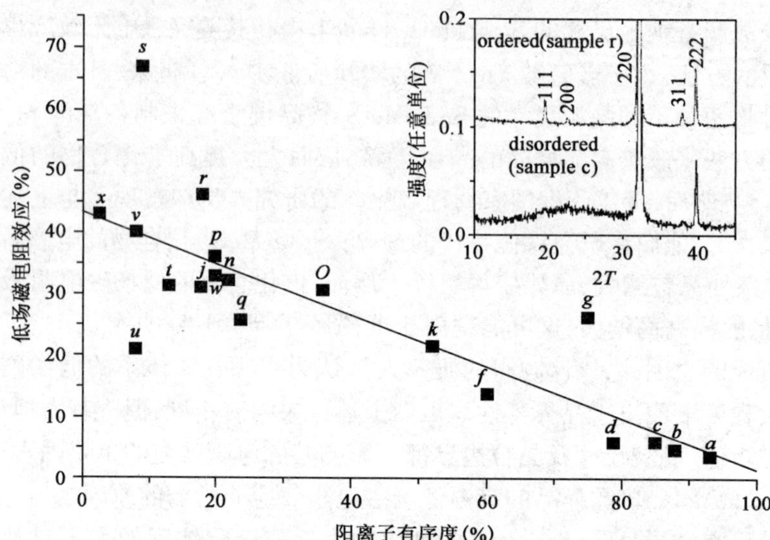

图 1-14　Sr_2FeMoO_6 氧化物的低场磁电阻效应随其反位缺陷浓度的变化

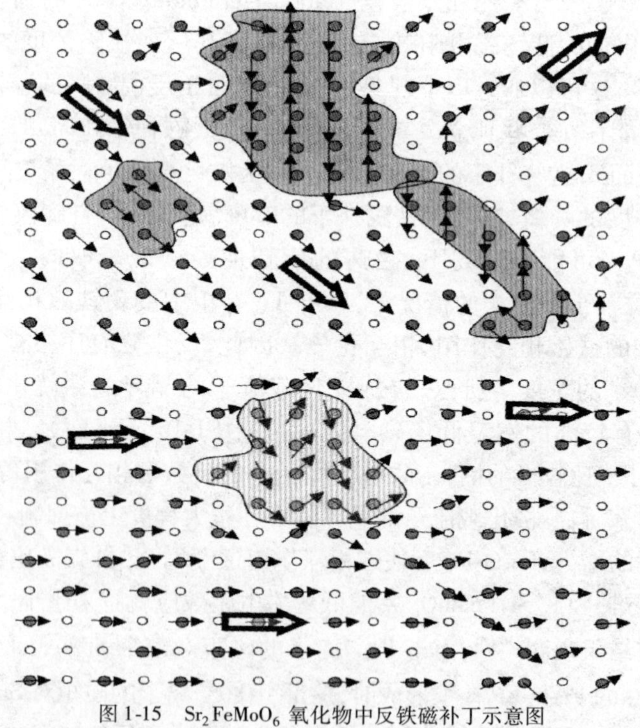

图 1-15　Sr_2FeMoO_6 氧化物中反铁磁补丁示意图

注:实心圆表示 Fe 离子,空心圆表示 Mo 离子,为清楚起见,只用箭头表示出了 Fe 自旋方向。上、下平面分别表示零场和 0 ~ 2T 低场时的磁矩排列。

模型来解释。设 Fe 子晶格和 Mo 子晶格的磁化强度分别为 m_{Fe} 和 m_{Mo}，由于 Fe 子晶格和 Mo 子晶格的反铁磁耦合，所剩净磁化强度 $M_S = m_{Fe} - m_{Mo}$。如果 Fe 原子和 Mo 原子在三维空间完全有序排列，在只考虑自旋贡献的情况下，$m_{Fe} = 5\mu_B$，$m_{Mo} = 1\mu_B$，那么其理论磁矩应该是 $4\mu_B/f.u.$。然而，实际情况 B 位上并非完全有序。如果 Fe 子晶格是由 $1-y$ 个 Fe 离子和 y 个 Mo 离子占据，则：

$$
\begin{aligned}
M_S &= [(1-y)m_{Fe} + ym_{Mo}] - [(1-y)m_{Mo} + ym_{Fe}] \\
&= (1-2y)m_{Fe} - (1-2y)m_{Mo} \qquad (1\text{-}6)
\end{aligned}
$$

式中，y 为反位缺陷浓度。代入 Fe 和 Mo 的磁矩，得出 $M_S = 4 - 8y$ 这样一个关系式。然而，如果在反位缺陷位置，Fe 的 $3d^5$-$3d^5$ 电子、Mo 的 $4d^1$-$4d^1$ 电子间的磁相互作用为局域的超交换相互作用，根据洪德法则，$3d^5$、$3d^5$ 电子彼此反平行排列，$4d^1$、$4d^1$ 电子彼此平行排列，那么 Fe 子晶格磁矩 $m = (1-y)m_{Fe} - ym_{Mo}$，Mo 子晶格磁矩 $m' = (1-y)m_{Mo} + ym_{Fe}$，同样 y 为反位缺陷浓度。代入 Fe 和 Mo 的磁矩，得出 $M_S = 4 - 10y$。由上述两式可以看出，基于这种简单的亚铁磁模型考虑，Sr_2FeMoO_6 的饱和磁矩随其反位缺陷的增大而线性降低。如图 1-16 所示，Balcells 等人对其饱和磁矩实验值的拟和结果认为 $M_S = 4 - 8y$ 这个关系式可能更接近实际情况[15]10。

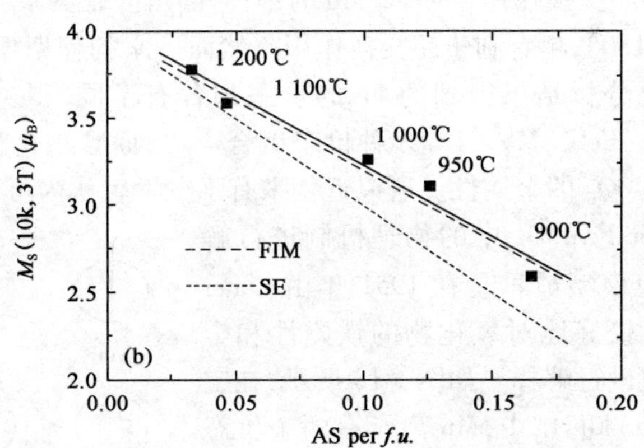

图 1-16　Sr_2FeMoO_6 的饱和磁矩的实验值及拟合值随反位缺陷浓度的变化

注：实心方块表示实验值，标(FIM)和(SE)的虚线分别为根据 $M_S = 4 - 8y$ 和 $M_S = 4 - 10y$ 得到的计算值。

如前所述，Sr_2FeMoO_6 的 Fe^{3+} 与 Mo^{5+} 离子呈亚铁磁排列，二者间存在强烈的磁交换相互作用。对这种相互作用的来源，有两种观点：一种观点认为 Fe^{3+}、Mo^{5+} 离子是通过 Fe-O-Mo 的 180°超交换(super exchange)相互耦合的，另一种

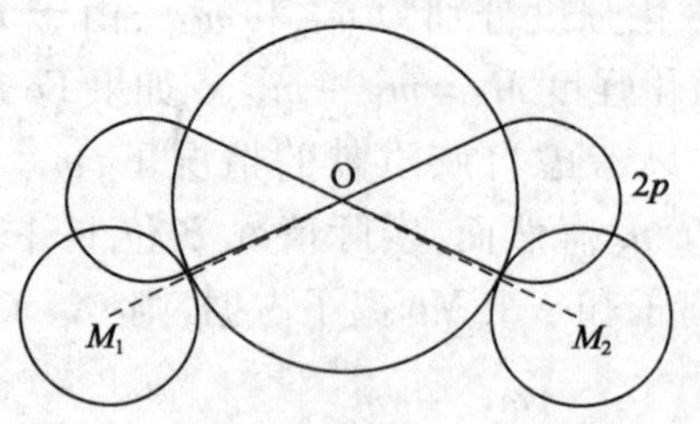

图 1-17 磁性离子 M_1 和 M_2 的自旋通过 O^{2-} 离子的 p 轨道发生超交换相互作用示意图

观点则认为 Fe^{3+} 与 Mo^{5+} 离子间的相互作用可以用类双交换(double exchange)电荷输运机制来解释。首先,以 MnO 为例来说明超交换模型:O^{2-} 离子的电子结构为$(1s)^2(2s)^2(2p)^6$,如图 1-17 所示,其 p 轨道向近邻的 Mn 离子 M_1 和 M_2 伸展,当一个 p 电子转移到 M_1Mn 离子的 $3d$ 轨道时,由于 Mn^{2+} 离子已经有五个半满电子,按照洪德法则,氧的 p 电子自旋只能与 Mn^{2+} 的五个电子自旋反平行。同时 p 轨道上剩余的一个电子自旋必然是与转移出去的电子自旋反平行,它与 M_2 之间的交换作用积分一般为负值,磁矩取向彼此相反。这样,通过中间的氧离子媒介,两侧的 Mn^{2+} 离子磁矩反向排列,发生了间接的交换相互作用即超交换相互作用。根据文献的研究结果[29-30],在双钙钛矿氧化物 $A_2BB'O_6$ 中,B 与 B' 离子的自旋呈规则排列,二者通过 B-O-B' 进行一个键角为 180°的超交换作用。1966 年,F. S. Galasso 等人[31]还通过对具有双钙钛矿型结构的 $Ba_{2x}Sr_{2-2x}FeMoO_6$ 固溶体的研究得出,在这些亚铁磁性氧化物中超交换作用与 Fe-O-Mo 的键长、键角都有关系,Fe-O-Mo 键长越短、键角越接近 180°,越有利于超交换作用。然而后来的穆斯堡尔谱、X 射线吸收谱及中子衍射分析结果得到的 Fe 的价态却各有不同,得到(Fe^{3+},Mo^{5+})、($Fe^{3-\alpha}$,$Mo^{5+\alpha}$)、(Fe^{2+},Mo^{6+})等多种价态组合[32-35],而且用这种超交换模型也很难解释 Sr_2FeMoO_6 的金属性。所以近年来有不少学者认为可以用双交换电荷输运机制来对 Sr_2FeMoO_6 中的物理机制进行解释[36-42]。双交换模型最早是在 1951 年由 Zener 提出的[43],能够较好地对氧化物的铁磁性和金属性的同时出现进行解释。如图 1-18 所示,在空穴掺杂的(La,Ca)MnO_3 中,Mn 离子有两个价态 Mn^{3+} 和 Mn^{4+}。此时与超交换作用不同,Mn^{3+} 离子中的一个电子交换到氧原子的 p 电子轨道,这样 Mn^{3+} 离子变为 Mn^{4+}。同时氧原子的一个 p 电子进入 Mn^{4+} 中,该 Mn^{4+} 离子变为 Mn^{3+}。由于 Mn^{4+} 离子中的电子不到半满($n<5$),跳入到 Mn^{4+} 的电子自旋与 Mn^{4+} 离子的电子自旋平行耦合。而从 Mn^{3+}(电子填充也是未半满)离子跳入氧原子 p 轨道电子自旋与从氧原子跳到 Mn^{4+} 离子的电子自旋方向必然是相

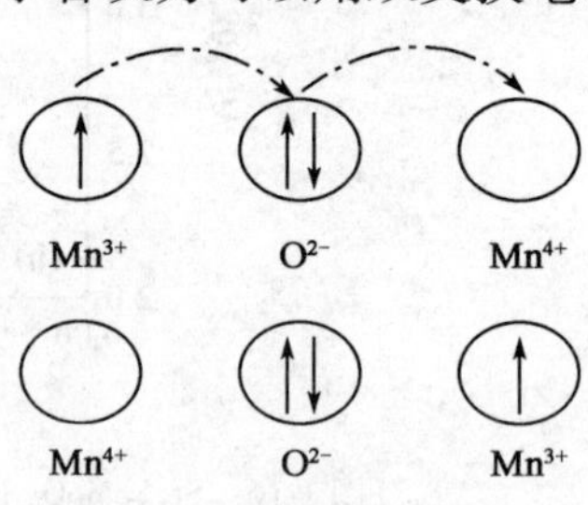

图 1-18 双交换模型示意图

同的。这一过程等效于 Mn^{3+} 离子的电子通过氧原子作为中间媒介跳入到 Mn^{4+} 离子而不改变系统的能量，使 Mn^{3+} 离子与 Mn^{4+} 离子间呈铁磁性耦合，此为双交换的原意。这一模型提出后，Anderson 和 Hasegawa[44] 对其进行了数学处理，最终得出电子由 i 位 Mn 离子经 O^{2-} 跃迁到相邻的 j 位 Mn 离子的转移积分：

$$t_{ij} = t_0 \cos(\theta_{ij}/2) \tag{1-7}$$

式中，t_0 为 $\theta_{ij}=0$ 时电子的转移积分，θ_{ij} 为相邻 Mn 离子磁矩的夹角。当 $\theta_{ij}=0$ 时，Mn 离子的局域磁矩互相平行，系统呈铁磁有序相，有利于 e_g 电子的巡游，化合物呈现金属特性；当相邻 Mn 离子的磁矩反平行排列时，$\theta_{ij}=\pi$，$t_{ij}=0$，化合物呈绝缘特性。因此，双交换模型对铁磁性和金属性的同时出现给出了很好的解释。

在 Sr_2FeMoO_6 中，由于 $3d$ 电子主要为局域态，而 $4d$ 电子具有巡游特性，那么巡游的 $4d$ 电子通过 O^{2-} 的 $2p\pi$ 轨道在空的 Fe^{3+} 的下自旋态 t_{2g} 和 Mo^{5+} 的 t_{2g} 之间跃迁，形成 Fe^{3+}-O-Mo-O-Fe^{2+} 类双交换电荷输运机制，这就很容易解释 Sr_2FeMoO_6 的金属性及正的顺磁居里温度[43]18。然而，如果按照超交换模型来解释 Fe^{3+} 离子与 Mo^{5+} 离子间的交换作用的话，由于没有电子跃迁，因此很难解释其金属性。

四、掺杂效应概论

为深入了解 Sr_2FeMoO_6 丰富的物理内涵，进一步扩大 Sr_2FeMoO_6 的应用前景，研究人员进行了长期不懈的努力，并对 Sr^{2+}、Fe^{3+} 及 Mo^{5+} 离子进行了大量的元素替代研究。下面简单介绍 A 位、B 位掺杂及氧空位的研究结果。

1. A 位掺杂效应

众所周知，阳离子尺寸变化对钙钛矿型氧化物的性质会产生较大影响[45-46]。作为钙钛矿型氧化物家族中的一员，Sr_2FeMoO_6 也不例外，A 位阳离子尺寸变化对 Sr_2FeMoO_6 的晶体结构及电磁特性均产生了较大影响。Ritter[8]9 和 De Teresa[47] 研究发现，当 A 位阳离子由半径较大的 Ba^{2+} 离子变为半径较小的 Sr^{2+} 离子时，化合物的晶体结构对称性降低，由立方晶系变为四方晶系。如果 A 位阳离子半径进一步减小（Ca^{2+} 代替 Sr^{2+} 离子），化合物的晶体结构又畸变为单斜晶系。这种由于阳离子半径变化引起的结构畸变在锰酸盐化合物里也曾有过报道[48]。然而，更为重要的是，这种结构畸变大大改变了化合物的电磁性质。如表 1-2 所示，当化合物由 Ba_2FeReO_6 逐步过渡到 Sr_2FeReO_6 再到 Ca_2FeReO_6 时，其居里温度逐渐提高，即从 300K 到 399K 再到 525K。Dc Teresa 等认为，这种居里温度的提高主要归因于化合物导带宽度的增大[47]19。根据报道，居里温度 $T_C \propto W \approx \cos\omega/(d_{Fe/Mo-O})^{3.5}$，其中，

$\omega = \pi - \langle Fe\text{-}O\text{-}Mo \rangle$，$d_{Fe/Mo\text{-}O}$ 是指 Fe-O 和 Mo-O 的平均键长。从化合物 Ba_2FeReO_6 到化合物 Sr_2FeReO_6，$\cos\omega \approx 1$，A 位阳离子半径的减小导致 $d_{Fe/Mo-O}$ 的缩短，因此化合物的导带宽度增大，相应地居里温度也就有所提高。然而，在 Mo 基化合物里，当 A 位阳离子由半径较大的 Sr^{2+} 变为半径较小的 Ca^{2+} 时，化合物的居里温度却有些下降。这主要是因为，在这些化合物中比较小的 Ca^{2+} 离子会造成较大的晶体结构畸变，使得 $\langle Fe\text{-}O\text{-}Mo \rangle$ 键角在很大程度上偏离了 180°，这时减小的键长所引起的带宽的增大不足以弥补键角偏离所带来的巨大影响，因此 Fe-O-Mo 间的相互作用被降低，相应地居里温度也就有所降低。也就是说，在这些化合物中，与键长变化相比，键角的变化对磁相互作用的影响更大。

双钙钛矿型 $A_2BB'O_6$ 氧化物的晶格常数

及居里温度（据 De Teresa[47]19 和 Ritter[8]9） 表 1-2

氧化物	晶系	晶胞参数（Å）			居里温度（K）
		a	b	c	
Ba_2FeReO_6	立方	8.05	—	—	300
$Ba_{1.5}Sr_{0.5}ReO_6$	立方	7.99	—	—	316
$BaSrFeReO_6$	立方	7.95	—	—	350
$Ba_{0.5}Sr_{1.5}ReO_6$	立方	7.90	—	—	370
Sr_2FeReO_6	四方	5.56	—	7.85	399
$Ca_{0.5}Sr_{1.5}FeReO_6$	单斜	5.57	5.53	7.84	435
$CaSrFeReO_6$	单斜	5.51	5.49	7.79	470
$Ca_{1.5}Sr_{0.5}FeReO_6$	单斜	5.46	5.51	7.75	490
Ca_2FeReO_6	单斜	5.39	5.52	7.65	525
Ba_2FeMoO_6	立方	8.07	—	—	308
$BaSrFeMoO_6$	立方	7.97	—	—	340
Sr_2FeMoO_6	四方	5.57	—	7.90	385
Ca_2FeMoO_6	单斜	5.41	5.52	7.71	365

与高温超导铜氧化物和钙钛矿锰氧化物一样，Sr_2FeMoO_6 也是一个强关联电子体系。众所周知，载流子掺杂是研究强关联电子体系的一种重要方法。在过去的几十年中，人们利用这种方法观察到了化合物中的许多新的物理现象，同时也发现了一些新的化合物。例如，钙钛矿型 $LaMnO_3$ 本身是反铁磁绝缘体，但经过空穴掺杂后的化合物（$La_{1-x}Sr_x$）MnO_3 却具有铁磁金属特性。自从

Sr_2FeMoO_6 被发现具有室温低场磁电阻效应以后，载流子掺杂这种研究手段也立即被应用到该化合物中，其中研究最为广泛的是电子掺杂的 Sr_2FeMoO_6[49-55]。研究结果表明，由于掺杂电子选择性地进入了自旋向下的 Mot_{2g} 轨道，费米面处电子态密度增加，Fe-O-Mo-O-Fe 间的磁相互作用被加强，所以电子掺杂可以提高化合物的居里温度。如图 1-19 所示，每百分之一的稀土原子掺杂，其居里温度大概提高 1 ~2K[49,52,54]21。然而，S. Jana[56] 以及 P. Sanyal[57] 等人的实验、理论研究工作也发现，电子掺杂在提高化合物居里温度的同时也会改变 Sr_2FeMoO_6 化合物的磁基态，例如，当 La 掺杂量达到 $x=1.5$ 时，在动能作用下，$La_xSr_{2-x}FeMoO_6$ 化合物的磁基态便由 Sr_2FeMoO_6 的半金属亚铁磁态转变为反铁磁金属态。电子掺杂引起的另一个负面效应就是化合物的晶体结构发生了很大畸变，导致化合物的导带宽度随之改变，这反过来又影响了化合物的居里温度。另外，由于电子掺杂使 B、B' 位阳离子间的电荷差别减小，因此化合物的阳离子有序度降低，磁电阻效应也随之降低。然而，由于掺杂元素主要为稀土原子，大部分都具有磁性，如果稀土磁矩能被 Sr_2FeMoO_6 中 Fe^{3+} 离子自旋极化，那么稀土掺杂也能改善化合物的磁电阻效应，例如，Retuerto 等人[58] 对 $Sr_{2-x}Ce_xFeMoO_6$ 化合物的研究发现，Ce 掺杂不仅提高了化合物的居里温度，$x=0.6$ 时化合物在(5K、9T)时的磁电阻效应高达 45%。第三，电子掺杂引起的结构畸变对化合物的输运性质也将产生较大影响：对 $La_{2-x}Sr_xMnCoO_6$ ($x=0,1,2$) 化合物的输运特性的研究发

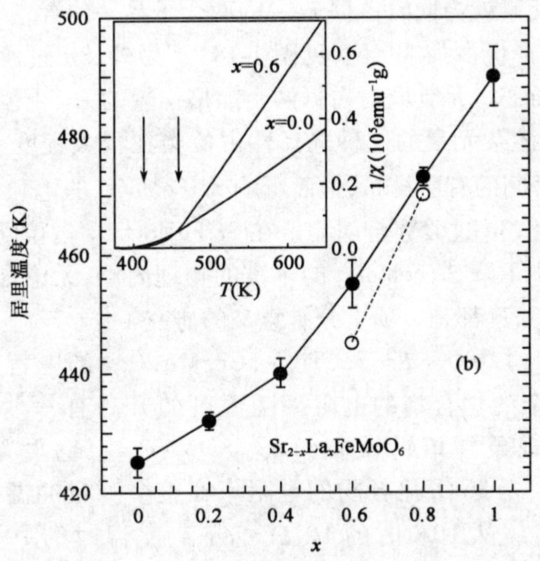

图 1-19 ($Sr_{2-x}La_x$)FeMoO6 的居里温度随掺杂量的变化关系

现，由于 MnO_6 以及 CoO_6 八面体的旋转，母体 Sr_2MnCoO_6 为铁磁金属，而 La_2MnCoO_6 化合物则为铁磁绝缘体[59]。

所以，电子掺杂在提高化合物居里温度的同时也可能改变了化合物的磁性质。因此，双钙钛矿型氧化物 Sr_2FeMoO_6 的电子掺杂一直以来都是一个耐人寻味的课题。

2. *B* 位掺杂效应

B 位掺杂效应的研究主要集中在 3*d* 过渡族金属元素对 Fe 的替代效应上。目前，研究人员已对 Fe 位成功进行了 Sc、Ti、V、Cr、Mn、Co、Cu 等元素的掺杂研究[60-61]。Ritter 等人对 $Sr_2(Fe_{0.75}T_{0.25})MoO_6$（$T$ = Sc，Ti，V，Cr，Mn，Co）的中子衍射研究结果表明，虽然所有掺杂化合物都属于四方晶格，但值得注意的是（图 1-20），在 Ti、V、Cr、Co 掺杂的化合物中，并不是所有掺杂原子都在 Fe 子晶格位置，而是有一部分掺杂原子也占据了 Mo 子晶格位置。如前所述，在 Sr_2FeMoO_6 母体化合物中，Fe 元素并非是单纯的 Fe^{3+}，而是 Fe^{2+}/Fe^{3+} 的混合价态；同样，Mo 也是呈现 Mo^{5+}/Mo^{6+} 的混合价态。Fe^{2+}、Fe^{3+} 的离子半径分别是 0.78Å、0.645Å，Mo^{5+}、Mo^{6+} 的离子半径分别是 0.61Å、0.59Å。当掺杂元素进入化合物中后，它们就会择优占据那些与它本身离子半径相匹配的晶格位置。因此，那些离子半径较大的元素就会完全占据 Fe 子晶格位置（如 Sc、Mn），而那些离子半径较小的元素就会同时占据 Fe、Mo 两个子晶格位置，其中以 Cr^{3+} 离子最为显著（Cr^{3+} 离子择优占据 Mo 位，见图 1-18）。另外，3*d* 过渡族元素在化合物中容易呈现混合价态也是其同时占据两个晶格位置的一个原因。从化合物物理性质的角度考虑，掺杂元素的这种选择性占位会在很大程度上影响 Sr_2FeMoO_6 中 Fe^{3+}、Mo^{5+} 离子间的有序排布，进而影响 Sr_2FeMoO_6 的饱和磁矩、磁电阻效应等电磁特性。因此，3*d* 过渡族金属元素在 Sr_2FeMoO_6 中占位问题的详细研究将有助于我们进一步了解 Sr_2FeMoO_6 的丰富的物理内涵，无论是从基础研究还是从实用性角度考虑，这都是一项十分有意义的研究工作。

$Sr_2(Fe_{0.75}T_{0.25})MoO_6$（$T$ = Sc，Ti，V，Cr，Mn，Co）的电特性研究表明，Sc、Ti、V、Co 元素掺杂的化合物的电阻率随温度的升高有一半导体—金属转变（图 1-21），这种现象在单钙钛矿（$La_{1-x}Sr_x$）VO_3 中也曾有过报道[62]。然而，$Sr_2(Fe_{0.75}Mn_{0.25})MoO_6$化合物的电阻率在整个测量的温度范围内都呈现半导体特性，数量级从 10K 时的 $10^3\Omega \cdot cm$ 到室温时的 $10\Omega \cdot cm$。作者认为这可能是由于其较小的晶粒尺寸或绝缘性的晶粒边界引起的。

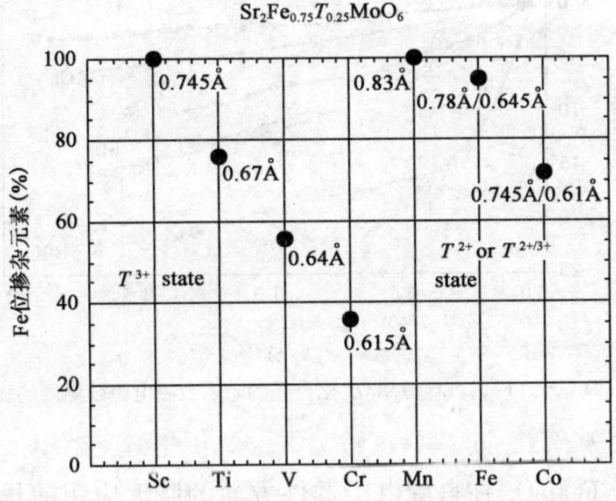

图 1-20 $Sr_2(Fe_{0.75}T_{0.25})MoO_6$ 化合物中掺杂元素在 Fe 位的比例

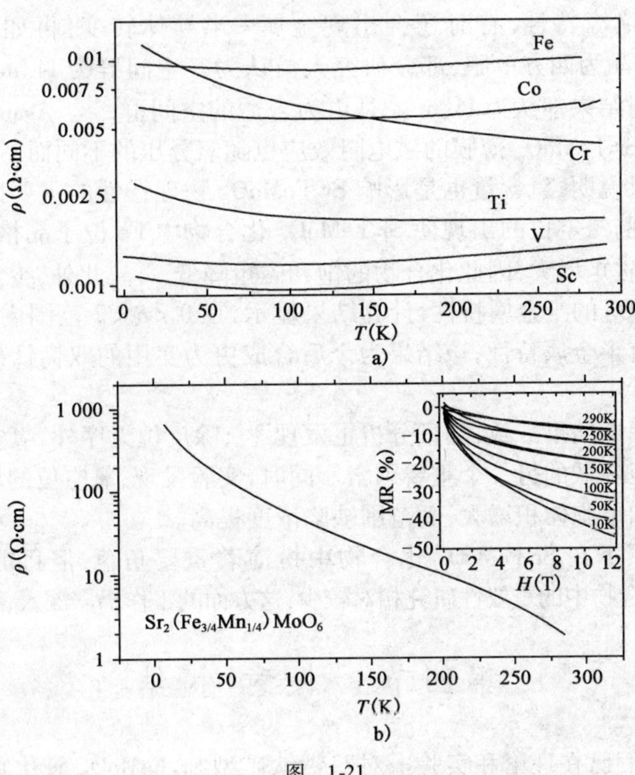

图 1-21

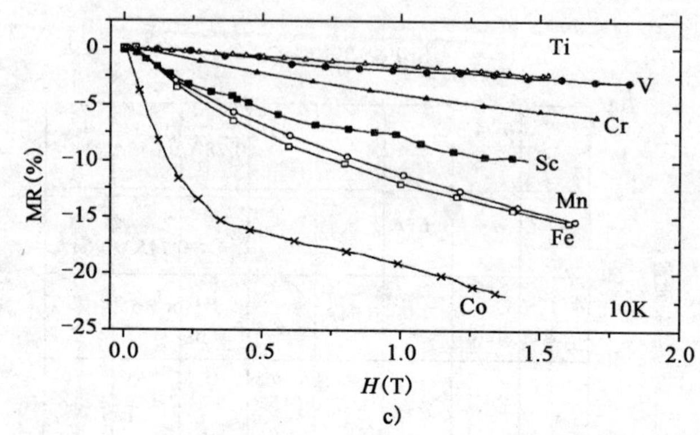

图 1-21　$Sr_2(Fe_{0.75}T_{0.25})MoO_6$ 化合物的电阻及磁电阻随温度的变化

3. 氧空位效应

正是由于 Sr_2FeMoO_6 在自旋电子器件方面的巨大应用前景,研究人员才对其物理特性作了诸多研究。但由于氧含量的不同,Sr_2FeMoO_6 表现出来的部分电磁性质也不尽相同。例如,目前报道的 Sr_2FeMoO_6 的输运特性呈半导体特性、金属特性或绝缘特性,有时还会出现金属—半导体转变;再如,通常情况下 Sr_2FeMoO_6 结晶为四方单胞,部分研究人员认为其空间群为 I4/mmm[18]10,而后来的中子衍射结果却认为 I4/m 才是更为合适的空间群[63]。Asano 等人的实验结果也发现,Sr_2FeMoO_6 薄膜的磁电阻效应也随氧分压的不同而不同[64]。

上述结果说明,氧含量也是影响 Sr_2FeMoO_6 物理特性的重要因素。系统的理论研究发现,氧空位的出现使 Sr_2FeMoO_6 化合物中 Fe 位子晶格磁矩降低,而 Mo 位子晶格磁矩增大,因此化合物的饱和磁矩降低[65]。此外,少量氧空位并未破坏 Sr_2FeMoO_6 的半金属特性,计算结果显示,在 $0<\delta<2$ 范围内,$Sr_2FeMoO_{6-\delta}$ 化合物均具有半金属特性,该结果为今后合成更为实用的双钙钛矿化合物提供了理论基础[66]。

与上述理论结果一致,热重分析也发现[67],除反位无序外,氧空位是导致化合物饱和磁矩降低的另一个重要因素。同时,实验发现,氧空位的增多使化合物的晶格常数和单胞体积增大,而范围缺陷浓度提高。

虽然氧原子在 Sr_2FeMoO_6 化合物中扮演着重要角色,但目前对氧含量在 Sr_2FeMoO_6 化合物中的重要性研究相对较少,这方面的工作仍需深入、细致的研究。

第四节　本章小结

目前,人们已在理论和实验上对双钙钛矿型 Sr_2FeMoO_6 氧化物作了较多的研究。然而，Sr_2FeMoO_6 的室温低场磁电阻效应起源的物理机制、磁相互作用的类型等问题还不是完全清楚，有待进一步讨论。要完全弄清楚这些问题，进一步丰富 Sr_2FeMoO_6 的物理内涵，我们还需要做大量更为艰苦细致的工作。与研究钙钛矿锰氧化物和高温超导铜氧化物等众多氧化物材料一样，掺杂手段也被广泛用来研究 Sr_2FeMoO_6 的物理性能。在双钙钛矿型氧化物 Sr_2FeMoO_6 中，BO_6 八面体的大小及其连接状况对材料的物性起着关键作用，无论其本身还是周围环境的改变都会影响材料的电磁性能。因此，不管是对 Sr 位还是对 Fe 位或 Mo 位掺杂都将改变 FeO_6 或 MoO_6 八面体的环境，从而影响 Fe-Mo 间、Fe-Fe 间或 Mo-Mo 间的磁相互作用。基于此，本书以 Sr_2FeMoO_6 为主要研究对象，通过载流子掺杂及 $3d$ 过渡族金属元素掺杂等手段系统研究了它们的晶体结构、B 位有序及电磁特性之间的关系。

本书的主要研究内容如下：

(1)由于 $3d$ 过渡族金属元素掺杂在很大程度上影响了 Sr_2FeMoO_6 中 Fe^{3+}、Mo^{5+} 离子间的有序排布，进而影响了 Sr_2FeMoO_6 的饱和磁矩、磁电阻效应等电磁特性。因此，许多课题组都曾经对 Sr_2FeMoO_6 及过渡金属元素掺杂的 $Sr_2(Fe,T)MoO_6$ 化合物的晶体结构及磁特性进行过研究[60-61]22。然而，微量过渡金属元素掺杂的 Sr_2FeMoO_6 的研究结果却鲜有报道。通过微量掺杂，我们可以研究掺杂引起的微扰对双钙钛矿化合物的结构稳定及物理特性产生的影响。因此，利用固相反应烧结法合成了微量掺杂的 $Sr_2(Fe_{1-x}V_x)MoO_6$ ($x=0, 0.03, 0.05, 0.08, 0.1$)化合物，并对其晶体结构和电磁特性进行了研究。由于 Fe、V 的 X 射线散射因子比较接近，X 射线衍射无法有效区分掺杂元素 V 在该化合物中的占位，而 Fe、V 的中子散射长度相差较大，因此我们同时还收集了 $Sr_2(Fe_{1-x}V_x)MoO_6$ 化合物不同温度下的中子粉末衍射谱并试图利用该数据通过精修化合物的晶体结构来确定 V 的占位。然而，由于中子衍射和 X 射线粉末衍射两种表征方法在确定 Sr_2FeMoO_6 的 B 位有序度问题上一直存在分歧，因此，在利用中子衍射数据精修 $Sr_2(Fe_{1-x}V_x)MoO_6$ 的结构之前我们首先利用 Rietveld 方法研究了中子衍射和 X 射线粉末衍射两种方法确定的 Sr_2FeMoO_6 的 B 位有序度的准确性问题。

(2)由于电子掺杂能够有效提高 Sr_2FeMoO_6 化合物的居里温度，因此人们对其进行了广泛研究。对 $(Ba_{1+x}Sr_{1-3x}La_{2x})FeMoO_6$[68]、$(Sr_{2-x}La_x)FeMoO_6$[69]、$(Ba_{0.8}Sr_{0.2})_{2-x}La_xFeMoO_6$[70] 及体系的研究结果表明，化合物的居里温度确实由于 La 掺杂而被提高，然而提高幅度却各不相同，这可能是由于其各自不同的结构参数或导带宽度造成的。为消除这种结构参数引起的影响，我们希望固定化合物的容忍因子以进一步了解能带填充对双钙钛矿化合物的磁特性和输运性质的影响。因此,我们利用固相反应法合成了($Sr_{2-3x}La_{2x}Ba_x$)$FeMoO_6$(x=0,0.08,0.10,0.13,0.20,0.25,0.30)系列化合物,希望既达到电子掺杂的目的又能使该化合物的结构参数不随掺杂量的改变而改变。另外,能带结构计算发现,研究 Sr_2FeMoO_6 氧化物中饱和磁矩改变的原因有助于我们进一步了解化合物中磁相互作用的机制[71-72]。考虑到大多数稀土低温下都具有磁性,因此,我们还合成了一系列稀土掺杂的($Sr_{1.85}Ln_{0.15}$)$FeMoO_6$(Ln = Sr,La,Ce,Pr,Nd,Sm,Eu)化合物,并系统研究了稀土磁矩对化合物磁矩的影响。

(3)目前人们虽然对电子掺杂的 Sr_2FeMoO_6 氧化物的晶体结构和电磁特性进行了大量研究,但空穴掺杂的研究结果报道得却很少,而且目前的结果不尽相同。为系统研究空穴掺杂对 Sr_2FeMoO_6 的晶体结构和电磁特性的影响,我们利用溶胶—凝胶法合成了($Sr_{2-x}Na_x$)$FeMoO_6$ 系列化合物,并利用 X 射线衍射、电测量、磁测量等方法对其进行了研究。

本章参考文献

[1] N. F. Mott. The electrical conductivity of transition metals[J]. Proc. Roy. Soc., 1936, A153: 699-704.

[2] M. Julliere. Tunneling between ferromagnetic films[J]. Phys. Lett. A, 1975, 54: 225-226.

[3] J. S. Moodera, L. R. Kinder, T. M. Wong, R. Meservey. Large magnetoresistance at room temperature in ferromagnetic thin film tunnel junctions[J]. Phys. Rev. Lett., 1995, 74: 3273-3276.

[4] S. Jin, T. H. Tiefel, M. McCormack, R. A. Fastnact, R. Ramesh, L. H. Chen. Thousandfold change in resistivity in magnetoresistive La-Ca-Mn-O films [J]. Science, 1994, 264: 413-415.

[5] A. J. Millis, B. I. Shraiman, R. Mueller. Dynamic Jahn-teller effect and colossal magnetoresistance in $La_{1-x}Sr_xMnO_3$ [J]. Phys. Rev. Lett., 1996, 77: 175-178.

[6] K. I. Kobayashi, T. Kimura, H. Sawada, K. Terakura, Y. Tokura, Room-temperature magnetoresistance in an oxide material with an ordered double-perovskite structure[J]. Nature, 1998, 395: 677-680.

[7] Y. Tomioka, T. Okuda, Y. Okimoto, R. Kumai, K.-I. Kobayashi, Y. Tokura. Magnetic and electronic properties of a single crystal of ordered double per-

ovskite Sr_2FeMoO_6[J]. Phys. Rev. B,2000, 61:422-427.

[8] C. Ritter, M. R. Ibarra, L. Morellon, J. Blasco, J. García, J. M. De Teresa. Structural and magnetic properties of double perovskites $AA'FeMoO_6$ (AA' = Ba_2, BaSr, Sr_2 and Ca_2 [J]. J. Phys.: Condens. Matter, 2000, 12: 8295-8308.

[9] O. Chmaissem, R. Kruk, B. Dabrowski, D. E. Brown, X. Xiong, S. Kolesnik, J. D. Jorgensen, C. W. Kimball. Structural phase transition and the electronic and magnetic properties of Sr_2FeMoO_6 [J]. Phys. Rev. B, 2000, 62: 14197-14206.

[10] D. Sánchez, J. A. Alonso, M. García-Hernández, M. J. Martínez-Lope, J. L. Martínez. Origin of neutron magnetic scattering in antisite-disordered Sr_2FeMoO_6 double perovskite[J]. Phys. Rev. B, 2002, 65: 1044261-1044268.

[11] J. Blasco, C. Ritter, L. Morellon, P. A. Algarable, J. M. De Teresa, D. Serrate, J. García, M. R. Ibarra, Structural, magnetic and transport properties of $Sr_2Fe_{1-x}Cr_xMoO_6$[J]. Solid State Sci. ,2002, 4: 651-660.

[12] R. D. Shannon. Revised effective ionic radii and systematic studies of interatomic distances in halides and chalcogenides[J]. Acta Cryst. , 1976, A 32: 751-767.

[13] M. T. Anderson, K. B. Greenwood, G. A. Taylor, K. R. Poppelmeier. B-cation arrangements in double perovskites[J]. Prog. Solid State Chem. ,1993, 22: 197-233.

[14] M. García-Hernández, J. L. Martínez, M. J. Martínez-Lope, M. T. Casais, J. A. Alonso. Finding universal correlations between cationic disorder and low field magnetoresistance in FeMo double perovskite series [J]. Phys. Rev. Lett. ,2001, 86: 2443-2446.

[15] Ll. Balcells, J. Navarro, M. Bibes, A. Roig, B. Martínez, J. Fontcuberta. Cationic ordering control of magnetization in Sr_2FeMoO_6 double perovskite[J]. Appl. Phys. Lett. , 2001, 78: 781-783.

[16] J. Navarro, Ll. Balcells, F. Sandiumenge, M. Bibes, A. Roig, B. Martínez, J. Fontcuberta. Antisite defects and magnetoresistance in Sr_2FeMoO_6 double perovskite[J]. J. Phys. : Condens. Matte. r, 2001, 13: 8481-8488.

[17] D. Sánchez, J. A. Alonso, M. García-Hernández, M. J. Martínez-Lope, J. L. Martínez, A. Mellergård. Origin of neutron magnetic scattering in antisite-

disordered Sr_2FeMoO_6 double perovskites[J]. Phys. Rev. B, 2002, 65: 1044261-1044268.

[18] Ll. Balcells, J. Navarro, M. Bibes, A. Roig, B. Martínez, J. Fontcuberta. Cationic ordering control of magnetization in Sr_2FeMoO_6 double perovskite[J]. Appl. Phys. Lett., 2001, 78: 781-783.

[19] R. A. de Groot, F. M. Mueller, P. G. van Engen, K. H. J. Buschow. New class of materials: half-metallic ferromagnets[J]. Phys. Rev. Lett., 1983, 50: 2024-2027.

[20] K. I. Kobayashi, T. Kimura, Y. Tomioka, H. Sawada, K. Terakura, and Y. Tokura. Intergrain tunneling magnetoresistance in polycrystals of the ordered double perovskite Sr_2FeReO_6 [J]. Phys. Rev. B, 1999, 59: 11159-11162.

[21] I. V. Solovyev. Electronic structure and stability of the ferrimagnetic ordering in double perovskites[J]. Phys. Rev. B, 2002, 65: 1444461-1444467.

[22] O. Chmaissem, B. Dabrowski, S. Kolesnik, S. Short, J. D. Jorgensen. Nuclear and magnetic structural properties of Ba_2FeMoO_6 [J]. Phys. Rev. B, 2005, 71: 1744211-1744217.

[23] C. L. Yuan, S. G. Wang, W. H. Song, T. Yu, J. M. Dai, S. L. Ye, Y. P. Sun. Enhanced intergrain tunneling magnetoresistance in double perovskite Sr_2FeMoO_6 polycrystals with nanometer-scale particles[J]. Appl. Phys. Lett., 1999, 75: 3853-3855.

[24] Y. H. Huang, J. Lindén, H. Yamauchi, M. Karppinen. Large low-field magnetoresistance effect in Sr_2FeMoO_6 homocomposites[J]. Appl. Phys. Lett., 2005, 86: 0725101-0725103.

[25] R. P. Aloysius, Meena Dhankhar, R. K. Kotnala. Enhanced low field magnetoresistance in $Sr_2Fe_{1-x}Ag_xMoO_6$ double perovskite system[J]. J. Alloys. Compd. 574 (2013) 335-339.

[26] M. García-Hernández, J. L. Martínez, M. J. Martínez-Lope, M. T. Casais, J. A. Alonso. Finding universal correlations between cation disorder and low field magnetoresistance in FeMo double perovskite series[J]. Phys. Rev. Lett, 2001, 86: 2443-2446.

[27] D. Stoeffler, S. Colis. Oxygen vacancies or/and antisite imperfections in Sr_2FeMoO_6 double perovskite: an ab initio investigation[J]. J. Phys.: Con-

dens. Matter., 2005, 17: 6415-6424.

[28] L. M. Rodriguez-Martinez, J. P. Attfield. Disordered-induced orbital ordering in $La_{0.7}M_{0.3}MnO_3$ perovskites[J]. Phys. Rev. B, 2000, 63: 024424.

[29] G. Blasse. Ferromagnetic interactions in non-metallic perovskites[J]. J. Phys. Chem. Solids, 1965, 26: 1969-1971.

[30] Sugata Ray, Ashwani Kumar, D. D. Sarma, R. Cimino, S. Turchini, S. Zennaro, N. Zema. Electronic and magnetic structures of Sr_2FeMoO_6[J]. Phys. Rev. Lett., 2001, 87: 0972041-0972044.

[31] F. S. Galasso, F. C. Douglas, R. J. Kasper. Relationship between magnetic Curie points and cell sizes of solid solutions with the ordered perovskite structure[J]. J. Chem. Phys., 1966, 44: 1672-1674.

[32] J. Lindén, T. Yamamoto, M. Karppinen, H. Yamauchi, T. Pietari. Evidence for valence fluctuation of Fe in Sr_2FeMoO_{6-w} double perovskite[J]. Appl. Phys. Lett., 2000, 76: 2925-2927.

[33] J. M. Greneche, M. Venkatesan, R. Suryanarayanan, J. M. D. Coey. Mössbauer spectrometry of A_2FeMoO_6 (A = Ca, Sr, Ba): Search for antiphase domains [J]. Phys. Rev. B, 2001, 63: 1744031-1744035.

[34] S. Ray, A. Kumar, D. D. Sarma, R. Cimino, S. Turchini, S. Zennaro, N. Zema. Electronic and magnetic structures of Sr_2FeMoO_6 [J]. Phys. Rev. Lett., 2001, 87: 0972041-0972044.

[35] D. D. Sarma, E. V. Sampathkumaran, S. Ray, R. Nagarajan, S. Majumdar, A. Kumar, G. Nalini, T. N. G. Row. Magnetoresistance in ordered and disordered double perovskite oxide, Sr_2FeMoO_6[J]. Solid State Commun., 2000, 114: 465-468.

[36] J. B. Goodenough, R. I. Dass. Comment on the magnetic properties of the system $Sr_{2-x}Ca_xFeMoO_6$, $0 \leqslant x \leqslant 2$[J]. Inter. J. Inorg. Mater., 2000, 2: 3-9.

[37] Y. Moritomo, Sh. Xu, A. Machida, T. Akimoto, E. Nishibori, M. Takata, M. Sakata. Electronic structure of double-perovskite transition-metal oxides [J]. Phys. Rev. B, 2000, 61: R7827-R7830.

[38] J.-S. Kang, H. Han, B. W. Lee, C. G. Olson, S. W. Han, K. H. Kim, J. I. Jeong, J. H. Park, B. I. Min. Electronic structure of the double-perovskite Ba_2FeMoO_6 using photoemission spectroscopy[J]. Phys. Rev. B, 2001, 64: 0244291-0244296.

[39] J. Navarro, C. Frontera, Ll. Balcells, B. Martínez, J. Fontcuberta. Raising the Curie temperature in Sr_2FeMoO_6 double perovskites by electron doping [J]. Phys. Rev. B, 2001, 64: 092411-092414.

[40] C. Ritter, J. Blasco, L. Morellon, J. M. De Teresa, J. Garcia, M. R. Ibarra. The influence of doping on the magnetic and structural properties of the double perovskite Sr_2FeMoO_6[J]. J. Magn. Magn. Mater., 2001, 226-230: 1070-1072.

[41] J. Navarro, Ll. Balcells, B. Martínez, J. Fontcuberta. Paramagnetic susceptibility and ferromagnetism in Sr_2FeMoO_6 perovskites [J]. J. Appl. Phys., 2001, 89: 7684-7686.

[42] C. L. Yuan, Y. Zhu, P. P. Ong. Effect of Cu doping on the magnetoresistive behavior of double perovskite Sr_2FeMoO_6 polycrystals[J]. J. Appl. Phys., 2002, 91: 4421-4425.

[43] C. Zener. Interaction between the d-shells in the transition metals: II. Ferromagnetic compounds of manganese with perovskite structure[J]. Phys. Rev., 1951, 82: 403-405.

[44] P. W. Anderson, H. Hasegawa. Considerations on double exchange[J]. Phys. Rev., 1955, 100: 675-681.

[45] J. P. Attfield. A cation control in perovskite properties[J]. Cryst. Eng., 2002, 5: 427-438.

[46] J. P. Attfield, A. L. Kharlanov, J. A. Mcallister. Cation effects in doped La_2CuO_4 superconductors[J]. Nature, 1998, 394: 157-159.

[47] J. M. De Teresa, D. Serrate, J. Blasco, M. R. Ibarra, L. Morellon. Impact of cation size on magnetic properties of $(AA')_2FeReO_6$ double perovskites[J]. Phys. Rev. B, 2004, 69: 1444011-14440110.

[48] P. G. Radaelli, G. Iannone, M. Marezio, H. Y. Hwang, S. W. Cheong, J. D. Jorgensen, D. N. Argyriou. Structure effects on the magnetic and transport properties of perovskite $A_{1-x}A'_xMnO_3$ ($X=0.25, 0.30$)[J]. Phys. Rev., B, 1997, 56: 8265-8276.

[49] D. Serrate, J. M. De Teresa, J. Blasco, M. R. Ibarra, L. Morellón, C. Ritter. Large low-field magnetoresistance and T_C in polycrystalline $(Ba_{0.8}Sr_{0.2})_{2-x}La_xFeMoO_6$ double perovskites[J]. Appl. Phys. Lett 2002, 80: 4573-4575.

[50] J. Navarro, J. Nogués, J. S. Mũnoz, J. Fontcuberta. Antisites and electron-

doping effects on the magnetic transition of Sr_2FeMoO_6 double perovskites[J]. Phys. Rev. B, 2003, 67: 1744161-1744166

[51] D. Rubi, C. Frontera, G. Herranz, J. L. García Mũnoz, J. Fontcuberta, C. Ritter. Band filling versus bond bending in substituted $L_xSr_{2-x}FeMoO_6$ (L = Ca, La, Nd) compounds[J]. J. Appl. Phys. ,2004, 95: 7082-7084.

[52] D. Rubi, C. Frontera, J. Nogués, J. Fontcuberta. Enhanced ferromagnetic interactions in electron doped $Nd_xSr_{2-x}FeMoO_6$ double perovskites [J]. J. Phys. : Condens. Matter. , 2004, 16: 3173-3182.

[53] C. Frontera, D. Rubi, J. Navarro, J. L. García-Muoz, J. Fontcuberta. Effect of band filling and structural distortions on the Curie temperature of Fe-Mo double perovskites[J]. Phys. Rev. B, 2003, 68: 0214121-0214124.

[54] H. M. Yang, W. Y. Lee, H. Han, B. W. Lee. Enhancement of Curie temperature in double perovskites $Ba_{2-x}La_xFeMoO_6$[J]. J. Appl. Phys. , 2003, 93: 6987-6989.

[55] J. Navarro, J. Fontcuberta, M. Izquierdo, J. Avila, M. C. Asensio. Curie-temperature enhancement of electron-doped Sr_2FeMoO_6 perovskites studied by photoemission spectroscopy[J]. Phys. Rev. B,2004, 69:1151011-1151016.

[56] S. Jana, C. Meneghini, P. Sanyal, S. Sarkar, T. Saha-Dasgupta, O. Karis, S. Ray. Signature of an antiferromagnetic metallic ground state in heavily electron-doped Sr_2FeMoO_6[J]. Phys. Rev. B 2003, 86: 0544331-0544336.

[57] P. Sanyal, H. Das, and T. Saha-Dasgupta. Evidence of kinetic-energy-driven antiferromagnetism in double perovskites: A first-principles study of La-doped Sr_2FeMoO_6[J]. Phys. Rev. B 2003, 80: 2244121-2244129.

[58] M. Retuerto, J. A. Alonso, M. J. Martínez-Lope, N. Menéndez, J. Tornero, M. García-Hernάndez. Structural and magnetotransport features in new electron-doped $Sr_{2-x}Ce_xFeMoO6$ double perovskites[J]. J. Mater. Chem. , 2006, 16: 865-873.

[59] X. Lan, S. Kong, W. Y. Zhang. Theoretical study on the electronic and magnetic properties of double perovskite $La_{2-x}Sr_xMnCoO_6$ (x = 0, 1, 2)[J]. Eur. Phys. J. B, 2011 84(3): 357-364.

[60] C. Ritter, J. Blasco, J. M. De Teresa, D. Serrate, L. Morellon, J. Garcia, M. R. Ibarra. Structural and magnetic details of 3d-element doped $Sr_2Fe_{0.75}T_{0.25}MoO_6$[J]. Solid State Commun,2004, 6: 419-431.

[61] X. M. Feng, G. H. Rao, G. Y. Liu, H. F. Yang, W. F. Liu, Z. W. Ouyang, J. K. Liang. Effect of Cr doping on the cationic ordering and magnetic properties of $Sr_2(Fe_{1-x}Cr_x)MoO_6$[J]. Physica B, 2004, 344: 21-26.

[62] F. Inaba, T. Arima, T. Ishikawa, T. Katsufuji, Y. Tokura. Change of electronic properties on the doping-induced insulator-metal transition in $La_{1-x}Sr_xVO_3$[J]. Phys. Rev. B, 1995, 52: R2221-R2224.

[63] O. Chmaissem, R. Kruk, B. Dabrowski, D. E. Brown, X. Xiong, S. Kolesnik, J. D. Jorgensen, C. W. Kimball. Structural phase transition and the electronic and magnetic properties of Sr_2FeMoO_6[J]. Phys. Rev. B, 2000, 62: 14197-14206.

[64] H. Asano, S. B. Ogale, J. Garrison, A. Orozco, E. Li, Y. H. Li, V. Smolyaninova, C. Galley, M. Downes, M. Rajeswari, R. Ramcsh, T. Venkatesan. Pulsed-laser-deposited epitaxial Sr_2FeMoO_62y thin films: Positive and negative magnetoresistance regimes[J]. Appl. Phys. Lett, 1999, 74: 3696-3700.

[65] H. P. Wu, Y. M. Ma, Y. Qian, E. J. Kan, R. F. Lu, Y. Z. Liu, W. S. Tan, C. Y. Xiao, K. M. Deng. The effect of oxygen vacancy on the half-metallic nature of double perovskite Sr_2FeMoO_6: A theoretical study[J]. Solid State Commun, 2014, 177: 57-60.

[66] Y. D. Li, C. C. Wang, R. L. Cheng, Q. L. Lu, S. G. Huang, C. S. Liu. Vacancy-driven magnetism in nonmagnetic double perovskite Sr_2AlNbO_6: A first-principles study, J. Alloys. Compd, 2014, 598: 1-5.

[67] R. Kircheisen, J. Töpfer. Nonstoichiometry, point defects. magnetic properties in $Sr_2FeMoO_{6-\delta}$ double perovskites[J]. J. Solid State Chem, 2012, 185: 76-81.

[68] D. Serrate, J. M. De Teresa, J. Blasco, M. R. Ibarra, L. Morellón, C. Ritter. Increase of Curie temperature in fixed ionic radius $Ba_{1+x}Sr_{1-3x}La_{2x}FeMoO_6$ double perovskites, Eur. Phys. J. B, 2004, 39: 35-40.

[69] J. Navarro, C. Frontera, Ll. Balcells, B. Martínez, J. Fontcuberta. Raising the Curie temperature in Sr_2FeMoO_6 double perovskites by electron doping [J]. Phys. Rev. B, 2001, 64: 092411-092414.

[70] D. Serrate, J. M. De Teresa, J. Blasco, M. R. Ibarra, L. Morellón, C. Ritter. Large low-field magnetoresistance and T_C in polycrystalline $(Ba_{0.8}Sr_{0.2})_{2-x}La_xFeMoO_6$ double perovskites [J]. Appl. Phys. Lett., 2002, 80:

4573-4575.

[71] S. Colis, D. Stoeffler, C. Mény, T. Fix, C. Leuvrey, G. Pourroy, A. Dinia, P. Panissod. Structural defects in Sr_2FeMoO_6 double perovskite: Experimental versus theoretical approach [J]. J. Appl. Phys., 2005, 98: 033905-11.

[72] D. Stoeffler, S. Colis. Oxygen vacancies or/and antisite imperfections in Sr_2FeMoO_6 double perovskites: an *ab initio* investigation [J]. J. Phys: Condens. Matter., 2005, 17: 6415-6424.

第二章 材料制备与实验方法及原理

第一节　多晶样品的合成

一、固相反应法

我们主要采用高温固相烧结反应法制备阳离子掺杂的双钙钛矿型氧化物。首先，将适量分析纯以上的 $SrCO_3$(≥99%)、Fe_2O_3(≥98.6%)、MoO_3(≥99.5%)粉末用氧化铝坩埚置于马弗炉内在300℃预处理3h。然后根据不同化学计量式配制所需成分的样品，并充分研磨使其混合均匀，置于马弗炉，900℃预烧10h，使碳酸盐完全分解并初步反应。然后再充分研磨、压片，在1 280℃、5% H_2/Ar混合气氛中烧结3h，用多晶X射线粉末衍射仪检测样品质量，然后再研磨、压片、烧结、检测，如此循环，直至得到没有杂相、衍射峰形好的单相样品。图2-1给出了多晶样品合成的流程图。

二、溶胶—凝胶法

本书中空穴掺杂的$(Sr_{2-x}Na_x)FeMoO_6$($x=0,0.05,0.1,0.15,0.2$)样品是用溶胶—凝胶技术合成的。首先，将适量分析纯以上的 $Sr(NO_3)_2$(99.5%)、$NaNO_3$(≥99%)、$Fe(NO_3)_3 \cdot 9H_2O$(≥98%)和$(NH_4)_6Mo_7O_{24} \cdot 4H_2O$(≥99%)溶液均匀混合，得到浅绿色透明胶体。此时向胶体中加入适量柠檬酸($C_6H_8O_7 \cdot H_2O$)以防止生成的小分子胶体发生缩聚反应。第二，将胶体置于60℃左右的水浴中促使其进一步反应并失去大部分有机溶剂转化成凝胶。第三，将凝胶首先在250℃左右灼烧成粉，然后再在700℃下预烧5h，以使其中的柠檬酸充分分解并挥发。最后在1 100℃、5%的 H_2/Ar 混合气体中烧结3h。

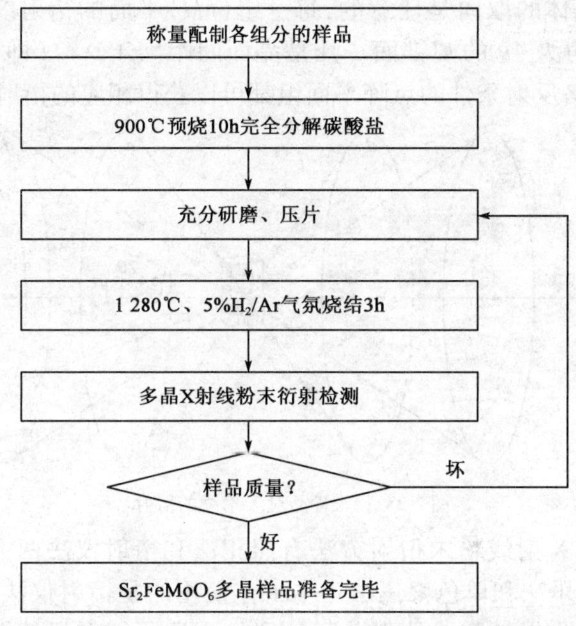

图 2-1　样品合成流程图

第二节　实验方法及原理

一、多晶粉末 X 射线衍射(XRD)原理及数据收集

1912 年,德国物理学家劳埃(M. V. Laue)通过实验证实,X 射线通过晶体时可以发生衍射现象,而衍射花样又和晶体点阵的空间排列密切相关,从而奠定了 X 射线衍射结构分析的实验和理论基础,为 X 射线开创了一个十分重要的应用领域。在劳埃发现 X 射线衍射不久,布拉格父子(W. H. Bragg 和 W. L. Bragg)通过实验提出了著名的布拉格定律,得到了精确的 X 射线波长 λ、晶体面间距 d_{hkl} 和衍射角 θ_{hkl}之间的关系:$2d_{hkl}\sin\theta_{hkl} = n\lambda$,(式中,下标 hkl 为衍射指标,$n = 1,2,3\cdots$为衍射级数),为多晶粉末、薄膜、金属、陶瓷和高度不完整单晶体等的衍射和结构分析奠定了坚实的实验和理论基础。

多晶 X 射线粉末衍射法的基本原理是:一束单色的 X 射线入射到取向完全任意的、数目很大的小晶体上。假设晶体中有一点阵平面(hkl)满足布拉格反射条件,如图 2-2 所示,入射线与(hkl)点阵平面构成 θ 角,其反射线与入射线夹角

为 2θ。由于小晶体的取向是任意的，每一组(hkl)平面的衍射线都形成相应以入射线为轴、顶角为 4θ 的圆锥面。凡是晶面间距大于 $\lambda/2$(即 $\sin\theta_{hkl}<1$ 的情况)且满足布拉格反射条件的点阵平面组都可以获得相应的衍射线锥面。

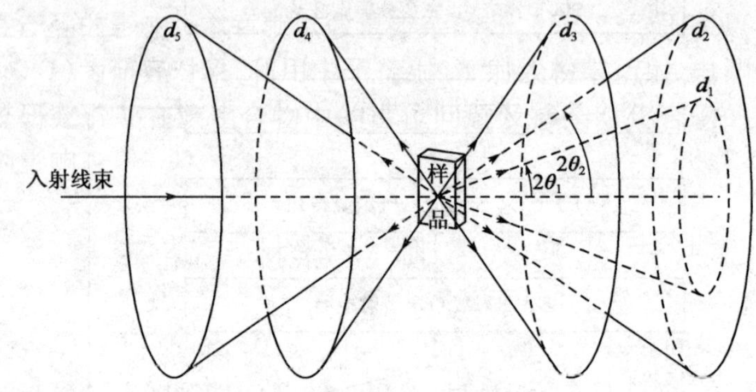

图 2-2 粉末样品对 X 射线的衍射

常用的多晶 X 射线粉末衍射方法有照相法和衍射仪法两大类。照相法主要包括德拜—谢乐法和单色聚焦法。本工作使用的是衍射仪法，即用计数器及测角仪代替底片收集衍射线的强度和位置的方法。衍射仪的结构主要包括 X 射线发生器、测角仪和辐射探测器三部分。其优点是：速度快，灵敏度高，分辨率高，直接测出衍射线强度，便于计算机数据处理。但是，当用不同的寻峰参数时，峰的位置和强度会有所变化，有时需要人为判断，在需要较高的精确度时，可采用双向扫描后取平均值来消除系统误差，或采用步进扫描逐点记录和标准样品校准等方法。

本文对双钙钛矿型 Sr_2FeMoO_6 及其掺杂系列化合物的 XRD 数据收集是在日本产 Rigaku D/max2500 型衍射仪上进行。X 射线衍射实验采用 CuKα 辐射，石墨单色器，功率一般在 10 ~ 15kW 之间。数据搜集采用步进扫描的方式进行，步长为 $2\theta=0.02°$，搜集时间为每步 1 ~ 2s。

二、X 射线粉末衍射法测定晶体结构

1. 粉末衍射数据的指标化

首先对 XRD 衍射数据进行分析，确定哪些衍射线条属于同一新相。粉末衍射图谱的指标化是点阵常数测量和晶体结构测定的基础。数据要具有完备性(包括微弱的衍射线)和准确性(低角度 $\Delta\theta<0.02°$)。对指标化有决定意义的是低角度的衍射线，而低角度的衍射线因受样品的吸收误差、偏心误差等系统误差的影响较大，因此必须用内标法校正。所以，获得单相衍射数据后，要用 Si 标

对衍射线条的位置进行校正，然后对已校正的衍射线条进行指标化。运用 Treor 程序[1]指标化一般采用面指数尝试法，其基本原理为：假设化合物属于某一晶系，利用倒易空间与正空间晶胞之间的关系，取几条低角度衍射线为基线并赋予每条基线一组晶面指数，根据基线确定倒易晶胞参数。利用这些晶胞参数计算下一线条的面指数和晶面间距值。如果在事先给定的误差范围内，则利用最小二乘法修正晶胞参数。利用已修正的晶胞参数再计算下一条线的面指数和晶面间距值。如此重复下去直到所有的线条被指标化。如果由基线得到的晶胞参数不能标定下一条衍射线，需重新赋予基线不同的晶面指数，重新对所有数据指标化。判断指标化结果的正确与否通常有以下几种方法[2]：

1）de Wallff 品质因数

$$M_{20} = \frac{Q_{20}}{2\varepsilon N_{20}}$$

式中，Q_{20}为第 20 条衍射线的 Q 值，$Q = 1/d^2$；N_{20}为计算到 Q_{20}可能出现的衍射线数目；ε 为前 20 条线 Q 值的平均偏差。

$M_{20} > 10$ 时，指标化结果可信；$M_{20} < 6$ 时，指标化结果不可信。

2）Smith 因数

$$F_N = \frac{1}{\langle \Delta 2\theta \rangle} \frac{N_{obs}}{N_{calc}}$$

式中，$\langle \Delta 2\theta \rangle$为 2θ 值的平均偏差；N_{obs}为被观察到的衍射线数目；N_{calc}为计算到第 N 条观察衍射线位置所可能出现的衍射线数目。F_N 值愈大，其结果愈可靠。

3）密度 ρ 判据

单胞的化学式单位 $Z = V/(1.66M)$，式中，V 为单胞体积，M 为分子量。对于非缺陷晶体，Z 偏离整数不能超过实验误差许可值，一般误差范围为 ±5%。

4）衍射线数目 N 与单胞体积 V 判据

单胞体积最大值与 d_{20}的关系：$V_{max} \approx 4.8kd_{20}^3$。$k$ 为与多重性因数、系统消光和偶然消光有关的因素。

2. 空间群的测定

晶体学中共有 230 种空间群，对应于 120 个衍射群。一般而言，每一种晶体的微观结构只属于某一空间群。实际上，X 射线衍射只能确定晶体属于某一衍射群。由衍射线条的指标化结果，根据晶面指数的消光规律来确定。具体步骤是：首先根据指标化结果确定晶体所属的晶系，然后利用（hkl）的消光规律确定晶体的点阵类型，最后判定是否具有滑移面和螺旋轴。需要指出的是，在 120 个衍射群中只有 51 个与单一空间群相对应，其他的需测定晶体的性能做进一步判定。

3. 晶胞中原子位置确定

通常采用尝试法来确定原子在晶胞中的占位。根据晶体所属空间群各等效点的原子数和单胞中所含的各种原子数,判断各种原子可能占据哪些等效点位置。根据这一结构模型,计算各衍射线的强度并与实验值比较,通过适当调整原子位置坐标,从而使衍射强度的计算值与实验值相吻合。调整原子坐标常用的方法为 Rietveld 方法。

本书中结构方面的工作主要是在已知空间群和粗略原子位置的基础上利用 Rietveld 结构精修的方法确定化合物的点阵常数、有序度、掺杂元素的择优占位等信息。

三、X 射线粉末衍射 Rietveld 全谱拟合结构精修方法

X 射线衍射是人类用来研究物质微观结构的一种方法。自 Debye-Sherrer 发明粉末衍射以来,已有近 90 年的历史。在这漫长的岁月中,它在研究多晶凝聚态的结构(相结构、晶粒大小、择优取向和点阵畸变等)方面做出了巨大贡献,成为当今材料研究中不可缺少的工具。有关它的理论、实验方法及数据处理都有过许多的发展。1967 年,Hugo. M. Rietveld[1,3-6] 鉴于计算机处理大量数据信息的能力,在多晶粉末中子衍射结构分析中,提出了粉末衍射全谱最小二乘拟合结构修正法。1977 年,Malmros 和 Thomas、Young[7-8] 等人把该方法引入多晶粉末 X 射线衍射分析中,充分利用了衍射谱图的全部信息。同时,由于计算机技术的飞速发展,使粉末衍射谱图的指标化、结构因子的提取和挑选以及重叠峰的处理等程序化、简单化,从而使多晶 X 射线结构分析工作进入了一个新的发展阶段,成为当今多晶 X 射线粉末衍射研究的热点。目前,有关这方面的计算分析程序已有数十种之多,其中 DBWS、FULLPROF、GSAS、RIETAN 等几种分析程序应用最为广泛。

1. Rietveld 全谱拟合的基本理论

1)全谱拟合的理论要点

(1)每一个衍射峰均有一定的形状和宽度,可用峰形函数来模拟。设面积归一化的峰形函数为 G_K,下标 K 表示某一(hkl)衍射,以下均同。衍射峰上某 $2\theta_i$ 点处的强度 Y_{iK}表示为:

$$Y_{iK} = G_{iK} I_K \tag{2-1}$$

下标 i 表示在 $2\theta_i$ 处,I_K 为衍射峰 K 的积分强度。

$$I_K = SM_K L_K |F_K|^2 \tag{2-2}$$

式中，M_K、L_K及$|F_K|$分别为衍射线 K 的多重因子、洛伦兹因子及包括温度因子的结构振幅；S 为比例因子。

$$F_K = \sum_j f_j \exp[2\pi i(hx_j + ky_j + lz_j)]\exp[-B_j(sin\theta_K/\lambda)^2] \tag{2-3}$$

式中，f_j、$(x_j$、y_j、$z_j)$、B_j 依次为第 j 个原子的原子散射因子、晶胞中的分数坐标及温度因子；θ_k、h、k、l 为衍射 K 的衍射角及衍射指数。

(2)衍射谱是各衍射峰的叠加。衍射谱上某 $2\theta_i$ 点处的强度 Y_i 表示为：

$$Y_i = Y_{ib} + \sum_K Y_{iK} \tag{2-4}$$

式中，Y_{ib}为背底强度。

(3)根据一定的结构模型可按公式(2-4)计算整个衍射谱上各 $2\theta_i$ 处的衍射强度 Y_{ic}。改变公式(2-4)中的各结构参数，可改变各 Y_{ic}，使之与各实测值 Y_{io} 比较，用最小二乘法使式(2-5)中的 M 最小。

$$M = \sum_i W_i(Y_{io} - Y_{ic})^2 \tag{2-5}$$

式中，下标 o、c 分别表示为实测值和计算值；W_i 为权重因子，一般取 $W_i = 1/Y_{io}$。此即为全谱拟合。

(4)全谱拟合的好坏通常可根据几个可信度因子 R 来判断。常用的 R 因子有图形 R 因子 R_p，强度 R 因子 R_B，加权图形 R 因子 R_{wp}和结构 R 因子 R_F。其中

$$R_p = \frac{\sum |Y_{io} - Y_{ic}|}{\sum Y_{io}}$$

$$R_B = \frac{\sum |I_o - I_c|}{\sum I_o}$$

$$R_{wp} = \left[\frac{\sum W_i(Y_{io} - Y_{ic})^2}{\sum W_i Y_{io}^2}\right]^{\frac{1}{2}}$$

$$R_F = \frac{\sum |I_o^{\frac{1}{2}} - I_c^{\frac{1}{2}}|}{\sum (I_o)^{\frac{1}{2}}}$$

2)峰形函数 G_K

选择正确的能和实验峰形吻合的峰形函数是 Rietveld 全谱拟合能否成功的一个关键。Rietveld 在首次处理中子粉末衍射时用的是高斯函数，这是一个对称的钟形函数，能很好地吻合中子粉末衍射峰。对于 X 射线粉末衍射，高斯函数与实际峰形相差颇大，许多科学家努力寻找能和实际峰形相符的其他函数，洛

伦兹函数(也有人称柯西函数)及其修正形式曾被广泛应用。现在一般认为最适合的函数是 Voigt 函数、Pearson Ⅶ(P7)函数和 Pseudo-Voigt(PV)函数。几种常见的峰形函数[9]见表 2-1。

Rietveld 法常用的几种峰形函数表达式 表 2-1

函数	常数	名称
$\frac{C_0^{\frac{1}{2}}}{H_K\pi^{\frac{1}{2}}}\exp[-C_0(2\theta_i-2\theta_K)]^2/H_K^2$	$C_0=4\text{In}2$	Gaussian('G')
$\frac{C_1^{\frac{1}{2}}}{\pi H_K}\left[1+C_1\frac{(2\theta_i-2\theta_K)^2}{H_K^2}\right]^{-1}$	$C_1=4$	Lorenzian('L')
$\frac{2C_2^{\frac{1}{2}}}{\pi H_K}\left[1+C_2\frac{(2\theta_i-2\theta_K)^2}{H_K^2}\right]^{-2}$	$C_2=4(2^{\frac{1}{2}}-1)$	Mod1 Lorenzian
$\frac{C_3^{\frac{1}{2}}}{\pi H_K}\left[1+C_3\frac{(2\theta_i-2\theta_K)^2}{H_K^2}\right]^{-\frac{3}{2}}$	$C_3=4(2^{\frac{2}{3}}-1)$	Mod2 Lorenzian
$\eta L+(1-\eta)G$ $\eta=NA+NB\cdot 2\theta$ NA,NB 为可修正的变量	—	Pseudo-Voigt('PV')
$\frac{C_4}{H_K}\left[1+4(2^{\frac{1}{m}}-1)\frac{(2\theta_i-2\theta_K)^2}{H_K^2}\right]^{-m}$	$C_4=\frac{2\sqrt{m(2^{\frac{1}{m}}-1)}}{\sqrt{(m-0.5)}\pi^{\frac{1}{2}}}$	Pearson Ⅶ
Modified Thompson-Cox-Hastings Pseudo-Voigt, 'TCHZ' $\text{TCHZ}=\eta L+(1-\eta)G$ $\eta=1.36603q-0.47719q^2+0.1116q^3, q=\Gamma_L/\Gamma$ $\Gamma=(\Gamma_G^5+A\Gamma_G^4\Gamma_L+B\Gamma_G^3\Gamma_L^2+C\Gamma_G^2\Gamma_L^3+D\Gamma_G\Gamma_L^4+\Gamma_L^5)^{0.2}=H_K$ $A=2.69269, B=2.42843, C=4.47163, D=0.07842$ $\Gamma_G=(U\tan^2\theta+V\tan\theta+W+Z/\cos^2\theta)^{1/2}$ $\Gamma_L=X\tan\theta+Y/\cos\theta$ U,V,W,X,Y,Z 为可修正的变量		Mod-TCH PV

注:H_K 为 K 衍射峰的半高宽函数。

在 X 射线衍射中,峰形常常是不对称的,因此需要对表 2-1 中列出的各种函数加以不对称校正。Rietveld 提出的校正因子为:

$$[1-Ps(2\theta_i-2\theta_K)^2/\tan\theta_K] \tag{2-6}$$

式中,P 为不对称参数;$s=1,0$ 或 -1,相应于$(2\theta_i-2\theta_K)$是正值,0 或负值。有人用对开拟合的方法,即把峰从峰顶分成左右两半,分别用不同的函数进行拟合。

3）半高宽函数 H_K

在所有的峰形函数中都包含两个变量，一为衍射峰的位置 θ_K，二为衍射峰的半高宽 H_K，即衍射峰高一半处的宽度，用角度表达，单位可以用度，也可以用弧度，英文缩写为 FWHM。

一张衍射谱中各衍射峰的 H_K 并不是相同的，随 θ 而变，一般 θ 大，H_K 也大，这种与 θ 的关系也可以用函数来表达。对应于不同的峰形函数，常用不同的半高宽函数。Rietveld 最早使用的是 Caglioti[10] 等提出的式(2-7)：

$$H_K^2 = U\tan^2\theta_K + V\tan\theta_K + W \tag{2-7}$$

式中，U、V、W 称为半高宽参数。Greaves[11] 在上式中引入了一个半高宽各向异性的校正因子：

$$H_K = (U\tan^2\theta_K + V\tan\theta_K + W)^{\frac{1}{2}} + \frac{X\cos\varphi}{\cos\theta} \tag{2-8}$$

式中，φ 是散射矢量与宽化方向间的夹角。对于衍射谱上分离得较好，比较窄的峰，(2-7)式可简化为：

$$H_K^2 = V\tan\theta_K + W \tag{2-9}$$

后来，有人认为式(2-7)仅适用于高斯函数，对洛伦兹函数可以采用另一种形式的峰宽函数[12]：

$$H_K = X\tan\theta_K + \frac{Y}{\cos\theta_K} \tag{2-10}$$

所以，在 PV 函数中，对高斯和洛伦兹两部分可以分别用不同的峰宽函数。对于不对称的衍射峰，在做对开拟合时，用于左右两半峰宽函数中的峰宽参数也将不同。影响峰宽的因素很多，有仪器的、实验的及样品本身的。

4）背底函数 Y_{ib}

背底是衍射谱中必然包含的，它是由样品产生的荧光、探测器的噪声、样品的热漫散射、非相干散射、样品中的无序和非晶部分、空气和狭缝等造成的散射混合而成。正确地测定背底强度并将其从实测强度中减去以得到正确的衍射强度，也是保证 Rietveld 全谱拟合精修得以成功的一个重要因素。

确定背底强度 Y_{ib} 的最简单的方法就是在衍射谱上选一些与衍射峰相隔较远的点，通过线性内插来模拟背底。显然，这种方法只能用在衍射峰分离较好并能在衍射峰间找到能代表背底的点的较简单的衍射谱图。但多数衍射谱图情况并不是那么简单，背底随 2θ 的变化还是要用函数来模拟，这种函数的形式也是很多的，如 Hill 和 Madsen[13] 使用的：

$$Y_{ib} = \sum_m \beta_m (2\theta_i)^m \tag{2-11}$$

Wiles 和 Young[14] 使用的：

$$Y_{ib} = B_0 + B_1T_i + B_2T_i^2 + B_3T_i^3 + B_4T_i^4 + B_5T_i^5 \tag{2-12}$$

式中，T_i 代表角度变量 $2\theta_i$；各 B 为背底系数，在拟合过程中确定。Larsen 和 Von Dreele[15] 使用的是：

$$Y_{ib} = B_1 + \sum_j B_j\cos2\theta_{j-1} \tag{2-13}$$

式中，j 取 2～12。这是一个有十二个拟合参数的傅里叶级数。

5）择优取向修正

由于在制取样品时有时会造成严重的择优取向，尤其是对层状、柱状或纤维状的样品，因此实测强度减去背底强度后尚需做择优取向校正。校正形式也有多种，Rietveld[6-7]38、Will[16]、Dollase[17] 和 Toraya 采用的形式分别为：

$$I_{corr} = I_{obs}\exp(-G\alpha^2) \tag{2-14}$$

$$I_{corr} = I_{obs}\exp\left[G\left(\frac{\pi}{2}-\alpha\right)\right]^2 \tag{2-15}$$

$$I_{corr} = I_{obs}\exp\left(G^2\cos^2\alpha + \sin^2\frac{\alpha}{G}\right)^{-3/2} \tag{2-16}$$

$$I_{corr} = I_{obs}[G_2 + (1-G_2)\exp(G_1\alpha^2)] \tag{2-17}$$

式中，G、G_1、G_2 为择优取向参数，α 为择优取向面和衍射面的夹角。

2. Rietveld 全谱拟合的实验基础——高分辨高准确的数字粉末衍射谱[18]

为做全谱拟合，对实验谱提出了较高的要求。要高分辨，即减少衍射线的加宽与重叠。要高准确，即衍射峰的位置及强度值均要准。为做逐点拟合需要数字谱，最好采用步进扫描方式，扫描步长至少应小于衍射峰半高宽的五分之一。

造成常规 X 射线粉末衍射仪分辨率与准确度不高的原因大致可分为以下四类：

(1)波长单色性不好，入射线的垂直和水平发散，狭缝的宽窄等实验条件。

(2)在 Bragg-Brenteno 衍射几何的测角仪上使用平板样品，样品偏心，X 光管灯丝形状等仪器因素。

(3)仪器调整得不够精确。

(4)试样中的晶粒大小，微应变及试样吸收等样品因素。

针对以上原因，可以采用下列措施来提高分辨率：

(1)使用前置的入射线单色器。使用硅、锗等分辨率较高的单色晶体，使入射线单色性变好，而不用石墨准单晶。后者只能将 K_α、K_β 分开，而前者还能把 $K_{\alpha1}$、$K_{\alpha2}$ 分开。

(2)增大测角仪半径，可从常规 180mm 左右增至 250mm 或更长。

(3)使用前后索拉狭缝,加长准直系统以减少 X 射线的发散,从而提高分辨率。

(4)使用分析晶体代替接收狭缝。

(5)精确调整,做零点校正及使用标样作角度校正。

(6)改进样品前处理技术,使晶粒大小适当,减少微应变及样品吸收的影响等。

所谓高分辨高准确粉末衍射装置就是采取了前述各条措施中的全部或一部分或其他措施的粉末衍射装置。

衍射仪的分辨率常用衍射峰的半高宽 FWHM 来衡量。对于常规衍射仪,其衍射峰半高宽 FWHM 约为 0.3°。FWHM 是随 2θ 的变化而变大的,因此应附带说明测量 FWHM 的衍射峰所在的 2θ 位置。在常规实验室粉末衍射仪上采取一些措施后,其 FWHM 可以提高到 0.1°或更小。

同步辐射是一种高强度、高准直的 X 射线光源,可以使用比较严格的单色措施。如使用双晶单色器,可用大半径测角仪等。分辨率可提高到 0.01°~0.05°(2θ),与常规衍射仪相比提高了一个数量级。

高分辨粉末衍射除了前述的用 Bragg-Brenteno 几何的逐点扫描角分散型外,还有用 Debye-Scherrer 几何、宽角度(120°,2θ)位敏探测器同时探测,或固定探测器做能量色散。后两者可用于快速测定,适用于时间分辨动力学研究。

3. Rietveld 全谱拟合法修正晶体结构

Rietveld 方法仅仅是一种结构修正方法,要求所输入的结构模型必须正确,并不能用于晶体结构测定。对于没有初始结构模型的未知新结构,要想用粉末法解其结构,必须遵循如下几个步骤。

(1)用高分辨高准直粉末衍射仪进行数据采集,对衍射数据进行预处理。

(2)衍射数据指标化及晶胞参数测定。这是非常重要的一步,只有得到正确的晶胞,正确给出了所有衍射线的衍射指标,才有可能进入下一步的工作。

(3)分峰及求初始结构。求初始结构的常用方法是直接法和派特逊法。

(4)结构精修。

有了初始结构后,我们就可以用 Rietveld 全谱拟合法对高分辨高准确粉末衍射数据进行分析,修正晶体结构。根据晶体结构的不同,可进行修正的参数也有很大不同。可精修参数通常包括:背底修正,原子位置坐标及位置占有率,点阵常数,峰形半高宽参数,峰形不对称因子,仪器零点,比例因子,择优取向函数等。对于磁性材料,还存在磁矢量分量参数等。

选择正确的修正晶体结构的策略,可节省大量的时间和避免过失。对于固定 X 射线衍射波长的粉末衍射数据，在正确确定空间群、点阵常数和结构模型后，开始修正时，可先假设温度因子 B，峰宽参数 U、V 和仪器零点均为零，以及 Pseudo-Voigt 函数的 $NA=0.5$、$NB=0$。峰宽参数 W 取衍射图谱中部衍射线半高宽的平方$(\mathrm{FWHM})^2$，衍射背底可根据线性内插来模拟或用背底多项式进行估算。衍射背底的正确确定是十分重要的，它将影响温度因子的正确性。Young 建议修正参数的顺序见表 2-2。

固定波长的 X 射线 Rietveld 法修正参数顺序 表 2-2

参数	线性	稳定性	修正顺序	备注
比例常数	是	稳定	1	假如结构模型不正确，比例常数可能是错的
试样偏离	非	稳定	1	如果试样无限吸收，将引起零点偏离
平直背底	是	稳定	2	—
点阵常数	非	稳定	2	一个或多个不正确的点阵常数，将引起衍射峰标定的错误，而导致 R 因子虚假的最小
复杂背底	非	稳定	2 或 3	如果背底参数多于模拟需要，将可能引起偏差相互抵消，导致修正失败
W	非	差	3 或 4	U、V、W 具有很高的相关性，不同数值的组合可导致实质上相同的结果
原子参数	非	好	3	图示和衍射指数可评估是否存在择优取向
占有率与温度因子	非	稳定	4	二者具有相关性
U、V 等	非	不稳定	最后	U、V、W 具有很高的相关性，不同数值的组合可导致实质上相同的结果
温度因子各向异性	非	不稳定	最后	—
仪器零点	非	稳定	1,4 或不修正	对于稳定的测角仪，零点偏差不具有重要意义，因为试样的不完全吸收将引起零点偏离

Cooper[19]等认为,结构参数和峰形参数是由衍射图谱的两种不同特性决定的,结构参数取决于衍射线的积分强度,与衍射位置无关。而峰形参数则是由衍射线的峰形和位置决定的。因此,他们建议,用 Rietveld 图形拟合修正结构时应分两步进行修正,先修正峰形参数,然后再修正结构参数。在精修过程中,对于相互关联的参数,如原子的占有率和温度因子,一定要先分别修正,待稳定后再一起修正。

目前,用于 Rietveld 结构精修的程序很多,其中比较常用的有 DBWS、FULLPROF、GSAS、RIETAN 等几种分析程序。例如 FULLPROF 分析程序有很好的图形界面,操作简单方便,可以在精修的过程中通过输出谱图(包括观测强度、计算强度及二者的偏差,还有布拉格衍射峰位置)判断其精修结果,便于及时调整精修参数。而且这个程序包还有很强大的衍射数据预处理功能,如自动寻峰、手动选择背底点等。

4. 修正终点及修正结果正确性判定

Rietveld 精修首先按表 2-2 顺序修正,在修正过程中,一定要等到收敛后再加下一个参数,后期的修正要放开所有参数修正若干轮,直至收敛。如何判断精修终点和精修结果的好坏,目前还没有一个严格判据,一般可遵循下列原则:

(1)修正过程中,判据 R_P、R_{WP}在减小,S 在接近 1(R_P 为图形 R 因子,R_{WP}为加权图形 R 因子,$S = R_{WP}/R_{exp}$,R_{exp} 为理想 R 因子),则应该继续修正,直到 R_P、R_{WP}、S 分别在某一值附近振荡。但应该注意,在有些情况下,R_P、R_{WP}、S 分别在某一值附近振荡时,修正的参数变化可能仍然很大,此时并没有达到终点。

(2)所有修正参数的迭代量 ΔX_i 应小于 $EPS \cdot \sigma_I$(EPS 为修正截止因子),这里 EPS 应设置在 0.1 ~ 0.3 之间。如果 $EPS > 0.3$,修正过程中会过早地出现"Convergence"而停止计算,但此时并没有达到终点。

(3)换一种模型(如峰形函数,择优取向函数,表面粗糙度函数)或放开其他参数(如重原子的各向异性温度因子),看是否会得到更低的 R_P、R_{WP}和 S 值。

通常利用 R_{WP}和 S 判断 Rietveld 精修所得到的结构参数是否正确,当 $R_{WP} <$ 15% 和 $1 < S < 2$ 时,Rietveld 精修结果可信,原子参数可靠。

四、中子粉末衍射(NPD)数据与处理

中子的衍射特性早在 1936 年就已被发现,但在 1945 年之后,随着核反应堆技术的进步,中子衍射才成为固体和液体研究中的一个重要手段。与 X 射线衍射相比,中子的衍射的主要特点是原子对中子的散射能力与原子序的关系很小,

而原子对X射线的散射能力却随原子序的增加而平滑增加。所以,中子衍射适用于确定结构中存在重原子时轻原子的位置以及区别周期表中相邻原子所占据的位置。中子另一个有价值的性质是它的磁矩,它可适用于研究磁性材料的磁结构,提供磁性原子(过渡金属、稀土元素、锕系元素)的各种自旋有序状态,包括自旋取向平行(铁磁性)、反平行(反铁磁性)、倾斜、成圆锥状、成螺旋状等。目前的中子粉末衍射有两种,一种是固定波长的中子粉末衍射,另一种是固定散射角连续波长的中子衍射,本工作中用的是第二种。通常有两种方法产生脉冲中子束:第一种方法是连续波长的脉冲中子束在核形变反应堆中用机械断续器控制;第二种方法用电子线性加速器的热电子或质子同步加速器的质子打到重金属(如铀、钨等)靶上,绝大部分能量转变为韧致辐射,这是连续谱的γ射线,它们与靶核相互作用,通过(γ,n)反应,产生连续波的脉冲中子流。由于它的脉冲窄、强度大、中子能区宽,利用飞行时间技术可得到很高的能量分辨。在飞行时间方法中,固定散射角2θ,晶面H的某一位置i的衍射强度Y_i随λ^4或d^4而变化

$$Y_i = CM_{\mathrm{H}}d_{\mathrm{H}}^4\varphi(\lambda_i)\sin\theta f(\lambda_i)S_{\mathrm{H}}^2 \tag{2-18}$$

式中,C为常数;$\varphi(\lambda_i)$为入射中子束强度,它是波长的函数;M_{H}为晶面H的多重性因子;S_{H}为结构因数,它是核散射贡献N_{H}和磁相干散射贡献J_{H}的总和。

$$S_{\mathrm{H}}^2 = N_{\mathrm{H}}^2 + J_{\mathrm{H}}^2 \tag{2-19}$$

$$\mathrm{N_H} = \sum_j n_j b_j \exp(-B_j\sin^2\theta/\lambda^2)\sum_r \exp[2\pi i(hx_{j,r} + ky_{j,r} + lz)_{j,r}] \tag{2-20}$$

式中,$\sum_j$,$\sum_r$分别为不同对称晶胞中全部原子的总和及全部等效点位置的总和;h、k、l为晶面的米勒指数;b_j为j原子的相干中子散射长度;B_j为j原子的各向同性温度因子;n_j为j原子的占有率;$x_{j,r}$、$y_{j,r}$、$z_{j,r}$为j原子在r等效点系的原子参数。

$$J_{\mathrm{H}}^2 = |P_{\mathrm{e}}|^2 - |\hat{e}_H \cdot P_{\mathrm{e}}|^2 \tag{2-21}$$

式中,$\hat{e}_{\mathrm{H}}$为在$d_H^* = ha^* + kb^* + lc^*$衍射矢量方向的单位矢量;$P_{\mathrm{e}}$为磁结构因数。

与X射线衍射不同,由于中子具有磁矩,因此磁性化合物的中子衍射谱中既有晶体结构衍射的贡献也有磁结构衍射的贡献。在对此类化合物的结构进行Rietveld精修时要同时修正晶体结构和磁结构,修正过程同上。通过对化合物磁结构的精修我们可以得到其中各个磁性原子磁矩的大小和取向。

五、振动样品磁强计(VSM)

振动样品磁强计可分为两种类型,但均是根据电磁感应原理制成的。第一

种磁强计类型是小尺寸的样品在磁场中磁化,可近似视为一个带有磁矩的磁偶极子。使样品沿某一方向做小振幅振动,采用一组相互串联反接的探测线圈在样品周围感应该偶极场的变化。探测线圈的感应电动势正比于样品的磁化强度。第二种为被磁化的样品包围在两个串联反接探测线圈之间并以某一频率振动,将产生的感应电动势积分,得到与磁通量成正比的电压,达到测定样品磁化强度的目的。本书使用的 VSM 为第一种类型,其测量原理如下。

将小球型样品(体积为 V,磁化强度为 M)放在平行于 X 轴方向的均匀磁场 H 中,并使它在 Z 方向做小幅度等幅振动,在其附近放一个轴线和 Z 轴平行的多匝线圈 L,在 L 内的第 n 匝内取面积元 dS_n,其与坐标原点的矢径为 r_n,磁场沿 X 方向施加(图 2-3)。由于 S 的尺度与 r_n 相比非常小,故 S 在空间的场可表示为偶极场形势:

$$H(r_n) = \frac{V}{4\pi}\left[\frac{M}{r_n^3} + \frac{3(M \cdot r_n)r_n}{r_n^5}\right] \tag{2-22}$$

由此 $H(r_n)$ 在 Z 方向的分量为:

$$H_Z(r_n) = \frac{3m}{r_5}XZ \tag{2-23}$$

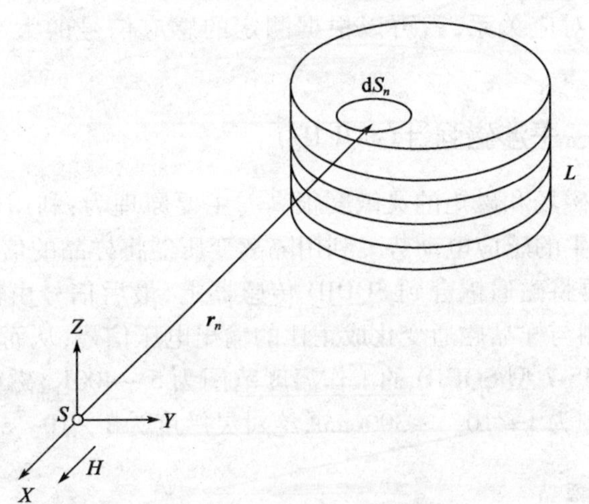

图 2-3　线圈在磁场中的偶极矩

式中,m 为样品磁矩。注意到 r_n 值有 X 分量,则可得到检测线圈 L 内第 n 匝中 dS_n 面积元的磁通量:

$$d\Phi_n - \mu_0 H_Z dS_n = \frac{3\mu_0 M X_n Z_n V}{4\pi r_n^5} dS_n \tag{2-24}$$

式中,μ_0 为真空磁导率。那么,第 n 匝内的总磁通为:

$$\Phi_n = \int \mathrm{d}\Phi_n = \int \frac{3\mu_0 M X_n Z_n V}{4\pi r_n^5}\mathrm{d}S_n \tag{2-25}$$

于是,整个 L 的总磁通则为:

$$\Phi = \sum_n \Phi_n = \sum_n \int \frac{3\mu_0 M X_n Z_n V}{4\pi r_n^5}\mathrm{d}S_n \tag{2-26}$$

式中,X_n 为 r_n 的 X 轴分量,不随时间而变;Z_n 为 r_n 的 Z 轴分量,是时间的函数。现在认为 S 不动而 L 以 S 原有的方式振动,此时可有 $Z_n = Z_n^0 + a \cdot \sin\omega t$,$Z_n^0$ 为第 n 匝的坐标,a 为 L 的振幅。由此可得到检测线圈内的感应电压为:

$$\begin{aligned}\varepsilon(t) &= -\frac{\mathrm{d}\Phi}{\mathrm{d}t} = \left[-\frac{3\mu_0}{4\pi}MVa\omega\sum_n\int\frac{X_n(r_n^2-5Z_n^2)}{r_n^7}\mathrm{d}S_n\right]\cos\omega t \\ &= KMV\cos\omega t = KJ\cos\omega t\end{aligned} \tag{2-27}$$

由式(2-27)可以看到:检测线圈中的感应电压幅值正比于被测样品的总磁矩 $J = MV$(或 $J = \sigma m$),且和检测线圈的结构,振动频率和振幅有关。如果将 K 保持不变,则感应信号仅和样品总磁矩成正比。也就是说,只要能够预先标定感应信号与磁矩的对应关系,就可以根据测定的感应信号的大小而推知被测磁矩值。

六、超导量子干涉磁强计(SQUID)

SQUID 测量磁场和磁矩的灵敏度很高。主要原理为:利用反接线圈测量磁化样品移动时产生的感应电动势。利用隔离变压器将样品的信号传输给信号线圈,由信号线圈再将磁通耦合到 SQUID 传感器上,最后信号由输出线圈输入到放大器,便于检测与样品磁通变化成正比的输出电压信号,从而测出磁矩。本实验中使用的 MPMS-7 型 SQUID 的工作温度范围为 5 ~ 400K,磁场范围为 −7T ~ 7T,磁矩测量范围为 1×10^{-7} ~ 300emu,绝对灵敏度为 1×10^{-7}emu 左右。

七、电阻测量

电阻按照阻值的不同可分为高值电阻(100kΩ)以上、中值电阻(1 ~ 100kΩ)和低值电阻(1Ω 以下)三种。不同阻值的电阻,应采用不同的测量方法。对于电阻率很小的材料,测量线的阻抗及接触电阻对材料电阻测量影响很大,不可忽视。这种附加电阻的影响可采用四引线法来消除,其原理如下。

图 2-4 是用伏安法测电阻时的两端引线的原理图,图 2-5 是其等效电路图,

其中 r_1、r_2、r_3、r_4 是 A 点与 B 点处的附加电阻。电压表上的显示的电压实际上是 $(r_1+R_x+r_2)$ 上的电压降。如果接触电阻 (r_1+r_2) 的大小可与被测电阻相比拟的话，那么根据欧姆定律计算出的电阻 R_x 将与其真实值相差很远。

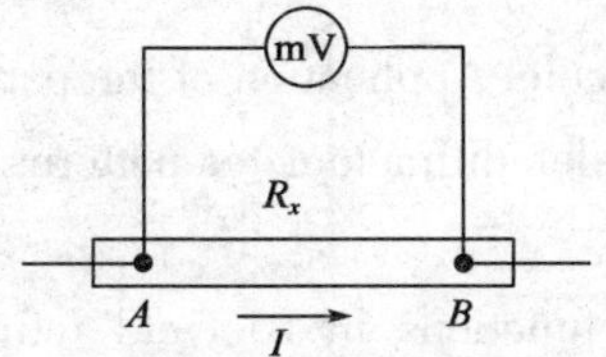

图 2-4　二端引线法电路

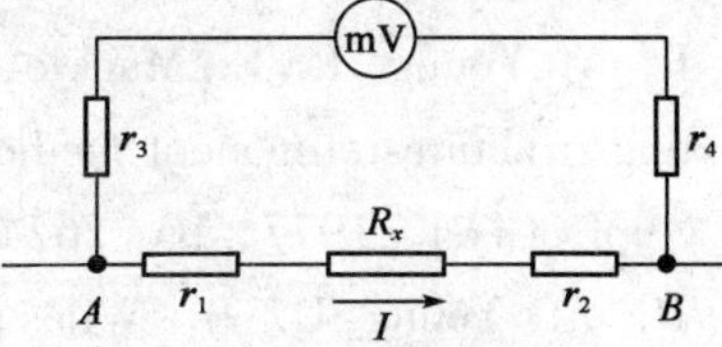

图 2-5　二端引线法等效电路

如果把接线方式改成如图 2-6 所示，虽然附加电阻 r_1、r_2、r_3、r_4 仍然存在，但由于所处的位置不同，其等效电路如图 2-7 所示。由于电压表的内阻较大，因此 r_3、r_4 的作用可忽略不计，这样测量到的待测电阻值就比较准确。这种测量低值电阻两端电压的方法就是四段引线法。

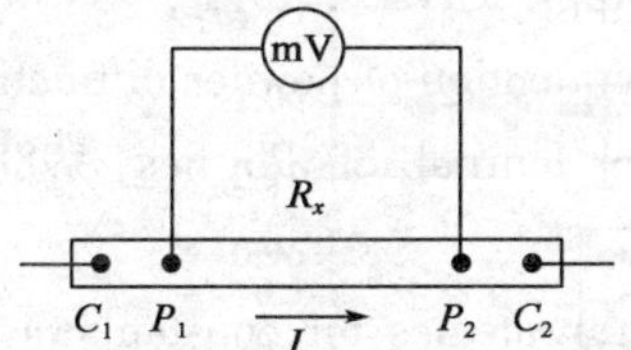

图 2-6　四端引线法电路

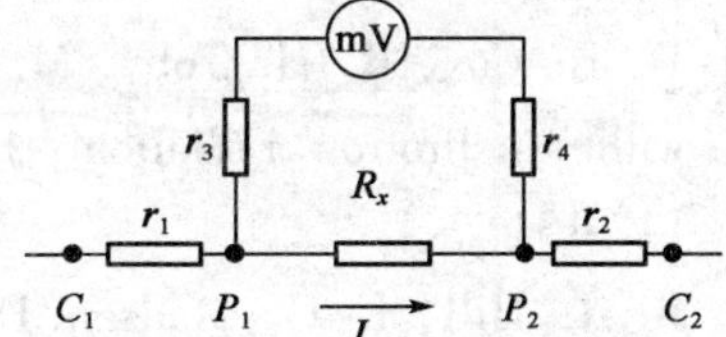

图 2-7　四端引线法等效电路

本章参考文献

［1］梁敬魁. 相图与相结构（下）［M］. 北京：科学出版社，1993.

［2］P. E. Werner, L. Eriksson, M. Westdahl. TREOR, a semi-exhaustive trial-and-error powder indexing program for all symmetries［J］. J. Appl. Cryst., 1985, 18: 367-370.

［3］L. B. McCusker, R. B. Von Dreele, D. E. Cox, D. Louër, P. Scardi. Rietveld refinement guidelines［J］. J. Appl. Cryst., 1999, 32: 36-50.

［4］马礼敦. X 射线粉末衍射的新起点—Rietveld 全谱拟合［J］. 物理学进展，1996, 16: 251-270.

［5］H. M. Rietveld. Line profiles of neutron powder-diffraction peaks for structure refinement［J］. Acta. Cryst., 1969, 22: 151-152.

［6］H. M. Rietveld. A profile refinement method for nuclear and magnetic struc-

tures[J]. J. Appl. Cryst. ,1969, 2: 65-71.
[7] G. Malmros, J. O. Thomas. Least-squares structure refinement based on profile analysis of powder film intensity data measured on an automatic microdensitometer[J]. J. Appl. Cryst. ,1977, 10: 7-11.
[8] R. A. Young, P. E. Mackie, R. B. Von Dreele. Application of the pattern-fitting structure-refinement method to x-ray powder diffractometer patterns[J]. J. Appl. Cryst. ,1977, 10: 262-269.
[9] R. A. Young, D. B. Wiles. Profile shape functions in Rietveld refinements [J]. J. Appl. Cryst. ,1982, 15: 430-438.
[10] G. Caglioti, A. Paoletti, F. P. Ricci. Choice of collimator for a crystal spectrometer for neutron diffraction [J]. Nucl. Instrum. Methods. , 1958, 3: 223-228.
[11] C. Greaves. Rietveld analysis of powder neutron diffraction data displaying anisotropic crystallite size broadening[J]. J. Appl. Cryst. , 1985, 18: 48-50 .
[12] D. E. Cox, B. H. Toby, M. M. Eddy. Acquisition of powder diffraction data with synchrotron radiation [J]. Australian Journal of Physics, 1988, 41: 117-131.
[13] R. J. Hill, I. C. Madsen. Data collection strategies for constant wavelength Rietveld analysis[J]. Powder Diffr. , 1987, 2: 146-163.
[14] D. B. Wiles and R. A. Young. A new computer program for Rietveld analysis of X-ray powder diffraction patterns[J]. J. Appl. Cryst. ,1981,14:149-151.
[15] A. C. Larson, R. B. Von Dreele. GSAS generalized structure analysis system, Laur 86-748[J]. Los Alamos National Laboratory, 1987, 132-135 .
[16] G. Will, W. Parrish and T. C. Huang. Crystal-structure refinement by profile fitting and least-squares analysis of powder diffractometer data[J]. J. Appl. Cryst. , 1983, 16: 611-622.
[17] W. A. Dollase. Correction of intensities for preferred orientation in powder diffractometry: application of the March model[J]. J. Appl. Cryst. ,1986, 19: 267-272.
[18] J. B. Hastings, W. Thomlinson, D. E. Cox. Synchrotron X-ray powder diffraction[J]. J. Appl. Cryst. , 1984, 17: 85-95.
[19] M. Sakata, M. J. Cooper. An analysis of the Rietveld profiles refinement method[J]. J. Appl. Cryst. , 1979, 12: 554-556.

第三章 3d 过渡元素 V 在 Sr_2FeMoO_6 中的掺杂效应

第一节 背景介绍

在完全有序的 Sr_2FeMoO_6 氧化物中，Fe 和 Mo 分别有序地占据双钙钛矿的 B 和 B' 位，呈 NaCl 型结构相间交替排列。然而，在实际的 Sr_2FeMoO_6 氧化物中，Fe 和 Mo 之间存在一定的反位缺陷，即一部分 Fe 占据 Mo 子晶格，同时有相同量的 Mo 占据了 Fe 子晶格。假设 1 个电子带有 $1\mu_B/f.u.$ 的磁矩，根据亚铁磁模型（FIM），完全有序的 Sr_2FeMoO_6 的饱和磁矩为 $4\mu_B/f.u.$。但是，在实际的氧化物中，由于反位缺陷的存在，Sr_2FeMoO_6 的饱和磁矩都低于其理想值 $4\mu_B/f.u.$。大量实验结果表明，W 替代 Mo[1-2]，Cu、Mn 替代 Fe 后[3-4]，化合物的有序度随掺杂量的提高而提高。然而，$Sr_2(Fe_{1-x}Cr_x)MoO_6$ 的实验结果表明[5]，化合物的有序度随掺杂量的提高而降低。更值得我们注意的是，中子衍射研究结果发现在该化合物中，一部分 Cr 择优占据了 Mo 子晶格，对于替代量 $x=0.25,0.5,0.75$ 和 1 的样品，Cr 占据 Fe 子晶格和 Cr 占据 Mo 子晶格的比例几乎为一常数，约为 1∶2。如绪论中所述，Ritter 等人对 $Sr_2Fe_{0.75}T_{0.25}MoO_6$（$T$ = Sc，Ti，V，Cr，Mn，Fe，Co）的中子和 X 射线衍射的研究结果也发现由于掺杂元素尺寸及价态的影响，掺杂元素不均匀分布在 Fe 位和 Mo 位[6]。与母体化合物相比较，T 元素掺杂提高了 Mo 在 Fe 位的比例，降低了化合物的有序度。诸多实验和理论结果都表明，反位缺陷对化合物的室温低场磁电阻效应（LFMR）和饱和磁矩（M_S）具有较大影响[7-9]。因此，进一步研究过渡族金属元素对 Sr_2FeMoO_6 的 B 位有序度的影响将是一项十分有意义的研究工作。许多课题组都曾经利用中子衍射的方法研

究过 Sr_2FeMoO_6 及过渡金属元素掺杂的 $Sr_2(Fe,T)MoO_6$ 的晶体结构及磁特性[10-12]。然而,微量过渡金属元素掺杂的 Sr_2FeMoO_6 的研究结果却鲜有报道。通过微量掺杂,我们可以研究掺杂引起的扰动对双钙钛矿化合物的结构稳定性及物理特性产生的影响。本章就以微量掺杂的 $Sr_2(Fe_{1-x}V_x)MoO_6$($x=0,0.03,0.05,0.08,0.1$)为研究对象,利用中子衍射、X 射线粉末衍射、电测量及磁测量等手段系统研究了 V 在该化合物中的占位问题及掺杂对化合物的晶体结构和电磁特性的影响。

第二节 材料的制备及实验方法

多晶 $Sr_2(Fe_{1-x}V_x)MoO_6$($0\leqslant x\leqslant 0.1$)可在高温下按标准固相反应生成。把按严格化学当量配比的 $SrCO_3$,Fe_2O_3,V_2O_5 和 MoO_3 充分混合,在空气中 900℃预烧 10h,预烧产物研磨后压成片状,接着再在 5% H_2/Ar 环境中 1 280℃烧结 3h 并多次重复该过程直到得到没有杂相、衍射峰形较好的单相样品。

室温 X 射线粉末衍射实验(XRD)是在日本理学 RigakuD/Max 2500 型衍射仪上完成的,该衍射仪采用的是 Cu 靶 K_α 辐射和石墨单色器。数据收集采用的是步进方式,步长为 $2\theta=0.02°$,每步收集时间为 1s,收集范围为 $15°\leqslant 2\theta\leqslant 140°$。中子粉末衍射实验是在美国国家标准技术研究所(National Institute of Standards and Technology,NIST)完成的,在室温下收集了所有掺杂样品的中子衍射谱,4K 温度下收集了 $Sr_2(Fe_{0.1}V_{0.1})MoO_6$ 样品的中子衍射数据。磁化曲线是在超导量子干涉仪(SQUID)上完成的,测量温度为 5K,加场范围为 0 ~ 5T。热磁曲线是在振动样品磁强计(VSM)上完成的,所加磁场为 0.05T。电阻率测量是用标准的四探针法在 OXFORD MaglabExa 系统上完成的。

第三节 $Sr_2(Fe_{1-x}V_x)MoO_6$ 的 X 射线衍射及磁测量的实验结果与讨论

一、晶体结构

考虑到 $Sr_2(Fe_{1-x}V_x)MoO_6$ 系列化合物中 V 掺杂量较低,为确定样品中的实际 V 含量是否与配比含量一致,我们利用电感耦合等离子体原子发射光谱 ICP-AES(Inductively Coupled Plasma – Atomic Emission Spectroscopy)方法测量了样品的化学成分,测量误差小于 2%。测量结果表明,样品中 V 的实际含量与配比含量比较一致,具体结果见表3-1。

$Sr_2(Fe_{1-x}V_x)MoO_6$ 系列化合物各成分的化学分析结果 表3-1

元素	Fe	Mo	Sr	V
$x=0.03$	0.95	1	1.99	0.03
$x=0.05$	0.93	1	2.01	0.055
$x=0.08$	0.83	1	1.99	0.08
$x=0.1$	0.89	1	2.05	0.10

$Sr_2(Fe_{1-x}V_x)MoO_6(0\leqslant x\leqslant 0.1)$系列化合物的X射线衍射表明,所有样品均为单相,室温XRD数据可按照四方晶系I4/m指标化。图3-1给出了所有样品的X射线衍射花样,可以看到,由于Fe、Mo的有序排列,样品在19°左右有一(101)超结构衍射峰,而且峰强随V掺杂量的提高而降低,这说明V的掺入降低了B位有序度。插图所示为样品的晶胞参数随掺杂量的变化曲线,由于V^{3+}的有效半径(0.64Å,$CN=6$)略小于Fe^{3+}的有效半径(0.645Å,$CN=6$),因此化合物的晶格常数和晶胞体积随掺杂量的提高而线性降低。利用Rietveld结构精修程序和X射线衍射数据,我们精修了化合物的晶体结构,其中Sr、Fe、Mo、O_1、O_2的温度因子用的是Chmaissem等人[11]1通过中子衍射确定的温度因子值。另外,

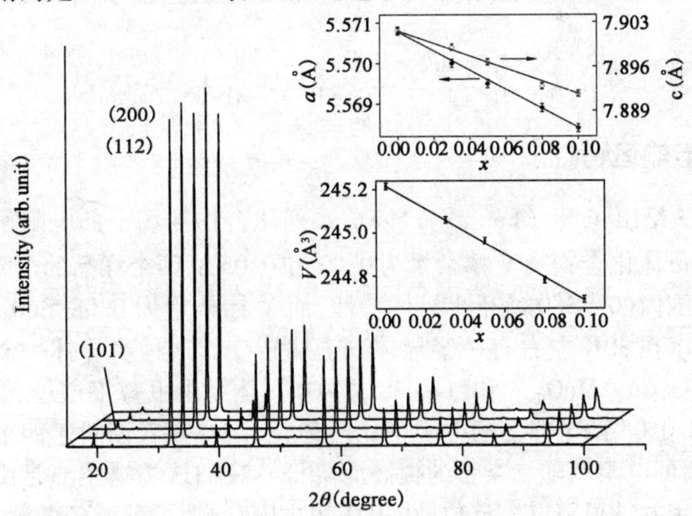

图3-1 $Sr_2(Fe_{1-x}V_x)MoO_6(0\leqslant x\leqslant 0.1)$的室温X射线衍射花样

注:由下到上依次为$x=0,0.03,0.05,0.08,0.1$。箭头所指为超结构衍射峰,最强峰对应(200)和(112)的晶面反射。

因为 Fe 原子和 V 原子的 X 射线散射因子比较接近，无法有效区分它们，所以在精修时我们将（Fe、V）作为一个整体，即我们这样得到的反位缺陷是（Fe、V）占据 Mo 位的比例，或者说是 Mo 原子占据 Fe 位的比例。图 3-2 示例给出了 $Sr_2(Fe_{0.92}V_{0.08})MoO_6$ 样品的 X 射线衍射精修图。插图为样品的有序度（$\eta = 1 - AS$）随掺杂量的变化曲线。有序度随 V 掺杂量的提高而降低，这与（101）超结构衍射峰的强度变化是一致的。

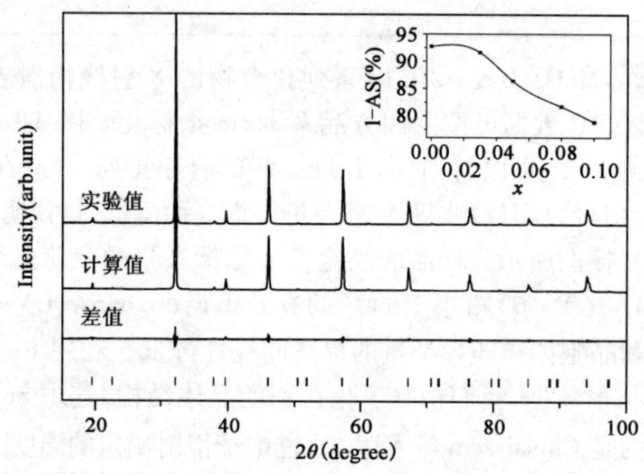

图 3-2　$Sr_2(Fe_{0.92}V_{0.08})FeMoO_6$ 化合物的 X 射线衍射精修图

注：插图为样品的有序度（$\eta = 1 - AS$）随掺杂量的变化曲线。

二、电输运特性

图 3-3 给出了 $Sr_2(Fe_{1-x}V_x)MoO_6$ 系列化合物零场下的电阻率随温度的变化曲线。母体化合物及 V 掺杂量为 0.03 和 0.05 的两个样品的电阻率在整个测量温度范围内（0～300K）呈半导体特性，而 V 掺杂量为 0.08 和 0.10 的两个样品的电阻率在 80K 左右有一半导体—金属转变。这种半导体—金属转变现象在 $Sr_2(Fe_{1-x}Cu_x)MoO_6$[13] 和（$La_{1-x}Sr_x)VO_3$[14] 体系中也曾报道过。另外，掺杂量为 0.03 和 0.05 两个样品的电阻率比母体化合物的高，而对于四个掺杂样品来说，化合物的电阻率随掺杂量的提高而降低。我们认为这主要是由于以下两方面共同作用的结果：首先，反位缺陷浓度的提高增大了载流子散射，从而导致了载流子局域化，提高了化合物的电阻率；第二，化合物中可能存在少量孤立分布的 $SrVO_3$ 团簇，由于 $SrVO_3$ 具有金属特性，因此它的存在降低了化合物的电阻率。当 V 掺杂量比较低时，载流子局域化对化合物电阻率的变化起主导作用，

因此 $x=0.03$ 和 0.05 的两个样品的电阻率增大。随着 V 掺杂量的提高，金属性的 $SrVO_3$ 团簇尺寸迅速增大，化合物的电阻率也就大大降低。

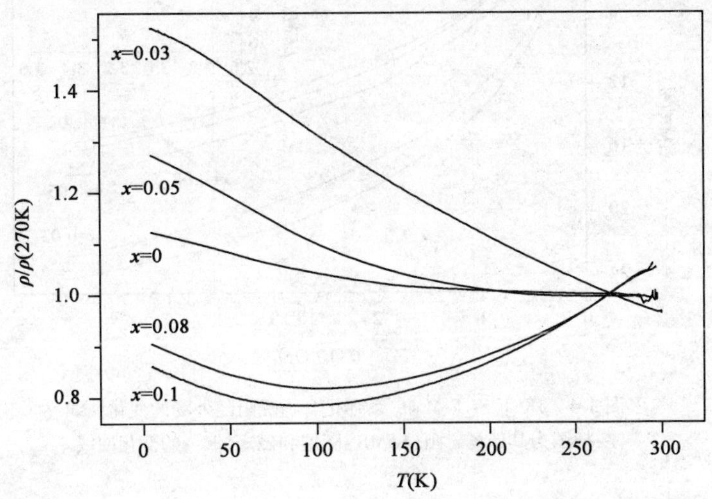

图 3-3 零场下 $Sr_2(Fe_{1-x}V_x)MoO_6$ 系列化合物的电阻率随温度的变化曲线

三、磁电阻效应

自旋极化载流子在晶界隧穿时会受到不同程度的散射，从而形成了化合物的电阻。在外磁场作用下各个独立磁畴的磁矩方向趋于一致，这时磁畴壁对自旋极化载流子的散射被极大地抑制，从而降低了多晶 Sr_2FeMoO_6 的电阻率，隧穿磁电阻效应也就随之产生。如图 3-4 所示，5K、5T 时 Sr_2FeMoO_6 母体化合物的磁阻高达 25%，随着 V 掺杂量的提高，化合物的磁阻逐渐降低。我们按照[MR(0) - MR(0.2T)]/0.2T 计算了 $Sr_2(Fe_{1-x}V_x)MoO_6$ 系列化合物的低场磁电阻(LFMR)，如图 3-4 插图所示，化合物的 LFMR 随 M_S 的降低而降低。这是由于，一方面化合物的磁矩随掺杂量的增大而减小，外场不容易使磁畴的磁矩方向趋于一致，因此磁畴壁对自旋极化载流子的散射增大，化合物的磁阻降低。另一方面，根据 García-Hernández 等人[15]的报道，由于反位缺陷的存在，Sr_2FeMoO_6 化合物中可能存在一些反铁磁的 Fe-O-Fe 团簇，这些孤立分布在铁磁基体上的反铁磁团簇大大抑制了电子跃迁，因此化合物的磁阻被降低。

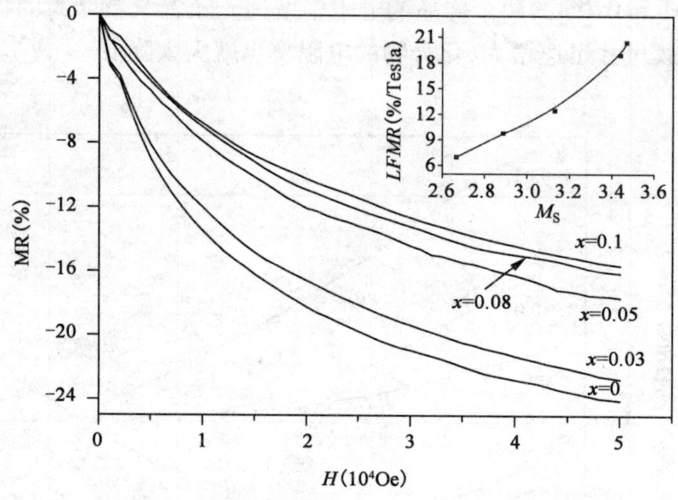

图 3-4　5K 下 Sr_2FeMoO_6 系列化合物磁阻随外场的变化曲线

注：插图为其低场磁阻（LFMR）随饱和磁矩（M_S）的变化曲线。

四、居里温度和饱和磁化强度

磁化强度是磁性材料的一个重要物性参数，其随温度的变化能反映出材料磁状态的改变。如图 3-5 所示为 $Sr_2(Fe_{1-x}V_x)MoO_6$ 系列化合物的磁化曲线，随着温度的降低，化合物的磁化强度陡然升高，然后逐渐趋向饱和，此时样品经历了一个由顺磁态到铁磁态的转变过程。可以看到，随着 V 掺杂量的提高，这个转变过程逐渐变得缓慢，这说明 V 的掺入使材料越来越不容易过渡到铁磁状态。材料从顺磁态转变到铁磁态时所对应的温度为居里温度，用 T_C 表示。由磁化强度精确测定 T_C，往往需要测得磁化强度 M、磁场 H 和温度 T 等三维数据，当然也可用 Arrott-plot[16] 方法或用自发磁化强度的平方随温度下降来外推，但这些方法用起来比较费时，在精度要求不高的情况下，通常采用方便而有效的方法，如考虑到材料从顺磁状态转变到铁磁态时磁化强度存在突变，作 dM/dT-T 曲线，其绝对值的最大值所对应的温度，或在热磁曲线 $M(T)$ 中急剧下降处的曲线外推到 $M=0$ 所得到的温度即为 T_C。在本书中，所有的 T_C 都是采用后一种方法求得，即在热磁曲线 $M(T)$ 中外推急剧下降处的曲线到 $M=0$ 所对应的温度。如图 3-5插图所示，$Sr_2(Fe_{1-x}V_x)MoO_6$ 化合物的居里温度随 V 掺杂量的提高而降低，这可能是由于化合物 B 位有序度的降低而造成的。具体数值如表 3-2 所示。

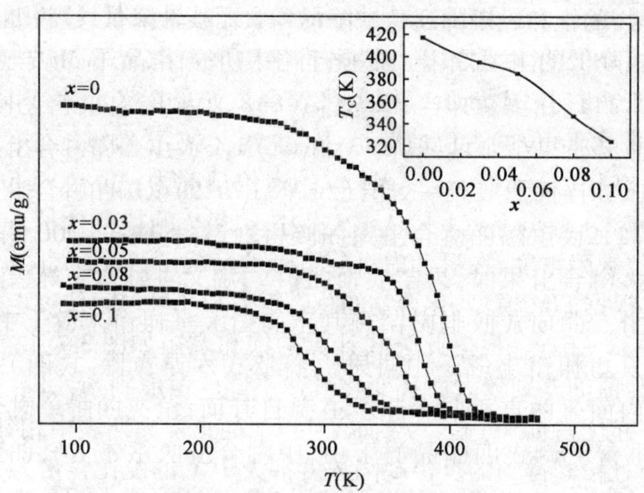

图 3-5 $Sr_2(Fe_{1-x}V_x)MoO_6$ 系列化合物的热磁曲线

注:插图为居里温度随掺杂量的变化关系。

$Sr_2(Fe_{1-x}V_x)MoO_6$ 系列化合物的居里温度 T_C、饱和磁矩 M_S 及低场磁电阻 LFMR

表 3-2

V 含量	T_C (K)	M_S^{obs} ($\mu_B/f.u.$)	M_S^{cal} ($\mu_B/f.u.$)	$M_{S'}^{cal}$ ($\mu_B/f.u.$)	*LFMR* (%/Telsa)
$x=0$	417	3.47(2)	3.42	3.42	20.38
$x=0.03$	395	3.44(2)	3.33	3.25	18.91
$x=0.05$	385	3.13(3)	3.03	2.80	12.45
$x=0.08$	347	2.88(2)	2.78	2.38	9.76
$x=0.10$	324	2.67(2)	2.60	2.13	6.97

注:M_S^{cal} 表示 V 全部占据 Mo 子晶格的计算值,$M_{S'}^{cal}$ 表示 V 随机分布在 Fe 位和 Mo 位的计算值。

利用超导量子干涉仪(SQUID),我们测量了 5K 下 $Sr_2(Fe_{1-x}V_x)MoO_6$ 系列化合物的磁化曲线,如图 3-6 所示。随着外场的增加,样品的磁化强度迅速增大,直至饱和,说明所有样品均为铁磁相。对于 V 掺杂量 $x \geqslant 0.05$ 的样品,低场时化合物的磁化强度增加越来越缓慢,这是由于化合物中的钉扎中心越来越多,抑制了畴壁移动造成的。

通过外推 M-$1/H$ 曲线的线性部分至 $1/H=0$ 就可以得到化合物的饱和磁矩 M_S,具体数值见表 3-2。如图 3-7 所示,与母体化合物的相比,掺杂量为 0.03 的样品的饱和磁矩仅有稍微地降低,而其他掺杂样品的饱和磁矩却随掺杂量的提高急剧降低,到掺杂量 $x=0.1$ 时,样品的 M_S 仅为 $2.67\mu_B/f.u.$ 。如图 3-7 中插图所示，化合物的饱和磁矩随反位缺陷的增大而线性降低，这说明反位缺陷是化合物饱和磁矩降低的主要原因。根据绪论中所介绍，Sr_2FeMoO_6 氧化物的饱和磁矩可以用亚铁磁（FIM model）模型来解释。如果掺杂元素 V 随机分布在 Fe 位和 Mo 位，那么 Fe 位的占位情况是：$Fe_{(1-x)(1-y)}V_{x(1-y)}Mo_y$，磁矩为 $m=(1-x)(1-y)m_{Fe}+x(1-y)m_V+m_{Mo}y$，Mo 位的占位情况为：$Mo_{1-y}V_{xy}Fe_{(1-x)y}$，磁矩为 $m'=(1-y)m_{Mo}+xym_V+y(1-x)m_{Fe}$，其中 x 为 V 的掺杂含量，y 为 Rietveld 精修得到的反位缺陷浓度，在只考虑自旋贡献的情况下，m_{Fe}、m_{Mo}、m_V 分别为 $5\mu_B$、$1\mu_B$ 和 $2\mu_B$。根据 FIM 模型，化合物的总磁矩为 Fe 位和 Mo 位磁矩之差，$M_S=m-m'=4-8y-3x+6xy$。根据此公式计算的饱和磁矩如图 3-7 中空心方块所示，计算值与实验值的差别较大而且变化规律不同。考虑到 $Sr_2(Fe_{1-x}Cr_x)MoO_6$ 化合物中的 Cr 择优占据 Mo 位[4]51，而 V 与 Cr 是元素周期表中相邻的 $3d$ 过渡族金属元素，而且精修得到的反位缺陷浓度都大于 V 的配比含量为 x，因此我们假设 $Sr_2(Fe_{1-x}V_x)MoO_6$ 化合物中的 V 全部选择性占据了 Mo 子晶格，那么，Fe 位的占位情况为 $Fe_{1-y}Mo_y$，Mo 位的占位情况为 $Mo_{1-y}Fe_{y-x}V_x$，Fe 子晶格的磁矩为：$m=(1-y)m_{Fe}+ym_{Mo}$，Mo 子晶格的磁矩为 $m'=(1-y)m_{Mo}+(y-x)m_{Fe}+xm_V$，因此总的磁矩 $M_S=m-m'=4-8y+3x$。计算得到的 M_S 如图 3-7 中实心方块所示，计算值与实验值的差值很小，随 V 含量的变化规律基本吻合。这说明 V 在该化合物中可能全部选择性占据了 Mo 子晶格位置。

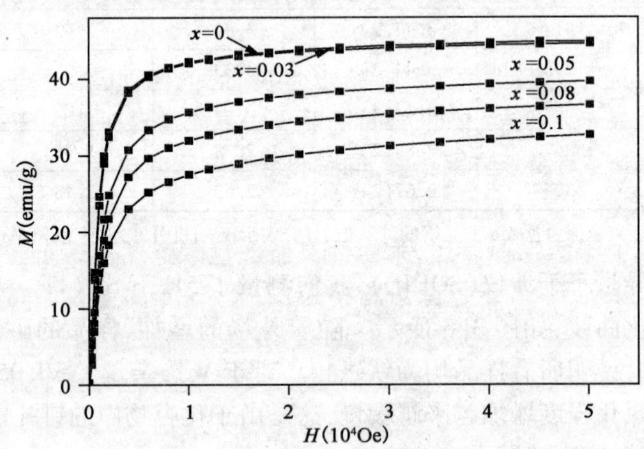

图 3-6　5K 下 $Sr_2(Fe_{1-x}V_x)MoO_6$ 系列化合物的磁化曲线

根据上一章的介绍，由于中子衍射能够有效区别周期表中相邻元素在化合物中的占位，因此，为进一步确定 $Sr_2(Fe_{1-x}V_x)MoO_6$ 化合物中的 V 是否选择性占据了 Mo 子晶格，我们收集了与 X 射线衍射实验相同样品的中子衍射谱，试图利用中子衍射数据通过对化合物结构的精修确定 V 的占位情况。但是，一直以来,中子衍射和X射线粉末衍射两种表征方法在确定Sr_2FeMoO_6的B位有序度问题上存在分歧。X射线单晶衍射及粉末衍射都检测到Sr_2FeMoO_6中存在少量反位缺陷[17-19],Lindén等人的穆斯堡尔谱实验[20-21]也观测到了两个不等价的Fe位。然而,早期的中子衍射研究中却没有发现Sr_2FeMoO_6中反位缺陷的存在[10-11]52。Ritter等人[10]52认为Sr_2FeMoO_6中有一定的Fe空位、Mo空位及O空位,其中Fe空位较多。Chmaissem等人[11]52却认为Sr_2FeMoO_6中由于Mo的挥发而存在Mo空位。但Tomioka等人[17]59的X射线单晶衍射结果却认为Sr_2FeMoO_6氧化物经高温退火后,其有序度提高,这就说明Mo的挥发不能用来解释Chmaissem的中子衍射数据。虽然近来的Sr_2FeMoO_6的中子衍射研究也考虑了由X射线衍射实验确定的反位缺陷[5-6,12]52,但X射线衍射和中子衍射的研究在Sr_2FeMoO_6中是否存在反位缺陷的问题上存在的争议仍没有解决。因此,在分析$Sr_2(Fe_{1-x}V_x)MoO_6$的中子衍射结果之前,我们首先研究了中子衍射和X射线粉末衍射两种方法确定的Sr_2FeMoO_6的B位有序度的准确性问题。

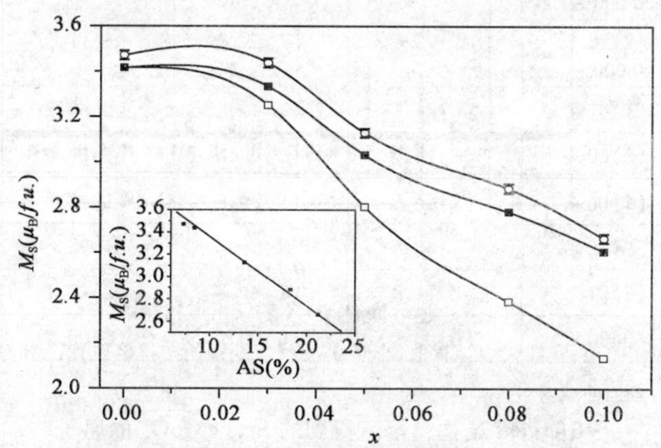

图3-7 $Sr_2(Fe_{1-x}V_x)MoO_6$系列化合物的饱和磁矩

注:空心圆代表实验值,实心方块代表V全部占据Mo子晶格的计算值,空心方块表示V在Fe位和Mo位自由分布的计算值。插图为饱和磁矩随反位缺陷浓度的变化曲线。

第四节 用衍射方法确定Sr_2FeMoO_6的B位有序度的计算机模拟研究

一、Sr_2FeMoO_6化合物的晶体结构精修结果

为产生合理的模拟衍射数据,我们首先对所配制的Sr_2FeMoO_6化合物的室温XRD数据进行了分析。结果表明,Sr_2FeMoO_6样品属于四方晶格,空间群为I4/m。

在精修其晶体结构时，由于 O_1 位置的 x 和 y 参数关联性较强，因此我们通过 $x+y=0.5$ 将这两个参数加以限制使精修容易进行，图 3-8 给出了 Sr_2FeMoO_6 的 X 射线衍射精修图。我们可以清晰地看到，由于 Fe、Mo 的有序排列，样品在 19° 左右出现一超结构衍射峰。实验曲线和理论曲线吻合的较好，图形剩余方差因子 $R_P=7.9\%$，加权图形剩余方差因子 $R_{WP}=10.8\%$，说明精修结果比较可靠。精修得到的晶格参数、原子位置、占有率及温度因子如表 3-3 所示，Mo(2b)原子及 O_1(8h)原子的温度因子为较小的负值，这可能是由于温度因子与占有率的相互关联性、O 的 X 射线散射因子较小或实验误差引起的。

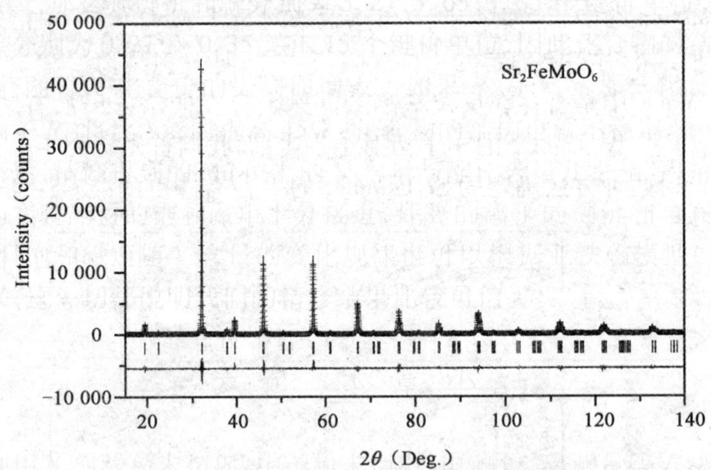

图 3-8　Sr_2FeMoO_6 的 X 射线衍射精修图

注：图中 + 代表实验值，实线代表计算值，小竖线 | 代表期望的布拉格位置，底部曲线代表计算值与实验值的差值曲线。

Rietveld 结构精修所得到的 Sr_2FeMoO_6 的原子位置、晶胞参数、温度因子及占有率　表 3-3

原子	位置	x	y	z	B(Å^2)	占有率
Sr	4d	0.5	0.0	0.25	0.382(6)	1.0
Fe/Mo	2a	0.0	0.0	0.0	0.060(13)	0.879(1)/0.121(1)
Mo/Fe	2b	0.0	0.0	0.5	-0.042(7)	0.879(1)/0.121(1)
O_1	8h	0.272 8(4)	0.227 2(4)	0.0	-0.013(46)	1.0
O_2	4e	0.0	0.0	0.258 6(4)	0.98(10)	1.0

二、XRD 和 NPD 数据的产生

首先，我们根据上述 Sr_2FeMoO_6 晶体结构数据分别按照反位缺陷浓度为 0、

0.1、0.2、0.3、0.4 和 0.5 六种情况计算产生六组不同的 XRD 和 NPD 谱线。在这个过程中我们只考虑由于仪器计数误差而引起的泊松噪声。同时，我们取各个晶位上原子的温度因子分别为：$B(\mathrm{Sr})=0.4\text{Å}^2$，$B(\mathrm{Fe})=B(\mathrm{Mo})=B(\mathrm{O}_1)=0.1\text{Å}^2$，$B(\mathrm{O}_2)=1.0\text{Å}^2$，峰形参数、背底、晶格常数以及原子位置都与上面精修 XRD 得到的数据相同。这样，利用 FULLPROF 程序，我们就可以计算产生一系列步长为 0.02°、2θ 范围为 15°～140°的 X 射线粉末衍射谱，其中 X 射线波长为 $\lambda_1=1.540\,56\text{Å}$，$\lambda_2=1.544\,40\text{Å}$，$I(\lambda_2)/I(\lambda_1)=0.5$。考虑到中子衍射的分辨率比 X 射线衍射要低一些，在计算中子衍射谱时，我们把上述参数中的半高宽(FWHM)参数(U,V,W)扩大为原先的 2 倍，使中子衍射的半高宽(FWHM)为 X 射线衍射半高宽的 1.4 倍，同时不考虑磁结构在谱线中的贡献。经过如上相同的过程我们就可以得到一系列步长为 0.05°、2θ 范围为 10°～160°的中子衍射谱，其中中子波长为 $\lambda_1=\lambda_2=1.540\,3$。这样的 NPD 数据与在 NIST 收集的数据相近。

三、模拟数据的精修结果及讨论

利用上述计算产生的 XRD 和 NPD 数据，我们对“化合物”的晶体结构进行了精修。精修时，我们将所有数据的 AS 的初始值定为 20%，Sr 位和 O 位的占有率固定为 1，而背底、峰形参数、晶格常数等参数的初值都与计算产生数据时所用的值相同。考虑到温度因子和占有率具有较强的关联性，为防止二者在精修时陷入一个虚假的极小值，精修时我们尝试了两套温度因子初值，一套与计算产生数据时所用的值相同，即 $B(\mathrm{Sr})=0.4\text{Å}^2$，$B(\mathrm{Fe})=B(\mathrm{Mo})=B(\mathrm{O}_1)=0.1\text{Å}^2$，$B(\mathrm{O}_2)=1.0\text{Å}^2$；另一套温度因子初值设为：$B(\mathrm{Sr})=0.8\text{Å}^2$，$B(\mathrm{Fe})=B(\mathrm{Mo})=B(\mathrm{O}_1)=0.5\text{Å}^2$，$B(\mathrm{O}_2)=1.0\text{Å}^2$。结果表明，两套温度因子初值精修得到的结果是相同的。我们下面给出的是用第二套温度因子初值精修得到的结果。作为示例，图 3-9 给出了反位缺陷浓度 $\mathrm{AS}_0=0.1$“样品”的 X 射线衍射和中子衍射的精修图，精修得到的优值 χ^2 非常接近理想值 1。精修结果如图 3-10 所示，其中虚线表示该参量的期望值，即产生数据时所用的值。AS_0 表示计算产生数据时的反位缺陷浓度，即期望的反位缺陷浓度。从图 3-10a) X 射线衍射谱的精修结果可以看到，不管在什么情况下，“样品”的反位缺陷和 Sr 的温度因子都能被很好地精修出来，除了完全无序的那个“样品”(AS=0.5)外，Fe 和 Mo 的温度因子也能被很好地精修出来。相比之下，O_1 和 O_2 的温度因子与其期望值的偏差较大，尤其是 O2(4e 位置)的偏差高达 30%。与精修 X 射线衍射得到的结果相比较，中子衍射精修得到的反位缺陷浓度的误差比较大[图 3-10b)]，Sr 原子的温度因子与精修 X 射线衍射得到的结果相似，除 AS = 0 的"样品"外，Fe 原子及 Mo 原子的温度因子也与精修 X 射线衍射得到的结果相似。两个 O 的温度因子，尤其是 O_2 的温度因子却比精修 X 射线衍射得到的结果好得多。这就说明，通过 X 射线衍射我们能够准确确定 Fe、Mo 间的反位缺陷浓度，但由于氧的 X 射线散射因子较小，X 射线对氧不敏感，不能给出准确的氧位信息。中子衍射的优点就是它能较准确地确定氧位信息。这样，如果我们将这两种表征手段结合起来就能使他们取长补短，达到较好的效果。如图 3-10c）所示，中子和 X 射线衍射数据的联合精修得到的反位缺陷和各个原子的温度因子都与其期望值吻合的很好。

这说明，利用 X 射线衍射和中子衍射两种表征手段，我们可以准确确定样品

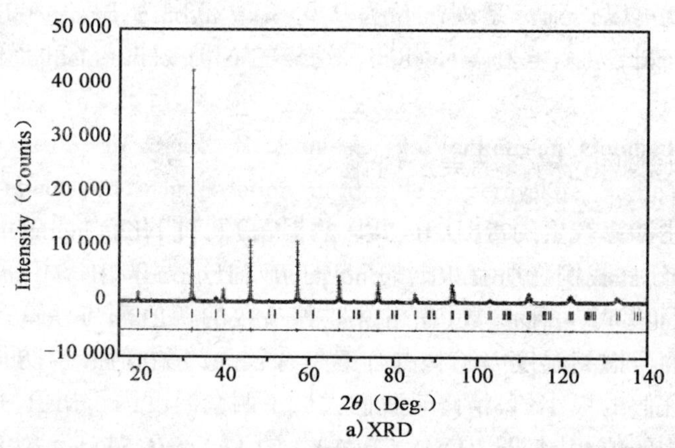

a) XRD

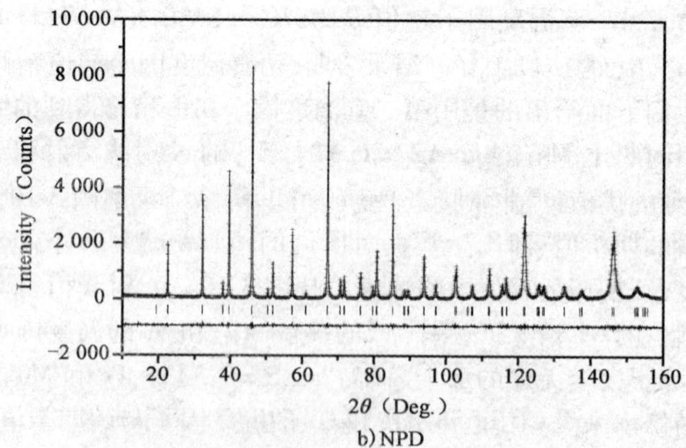

b) NPD

图 3-9　反位无序为 0.1 的 X 射线和中子衍射精修图

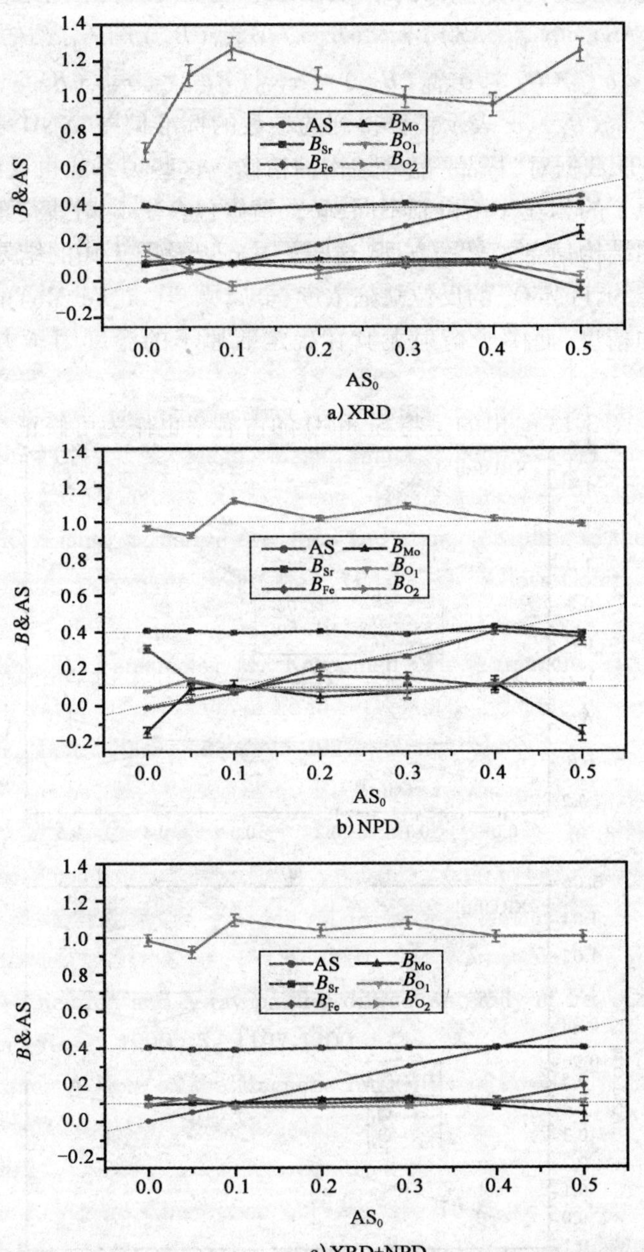

图3-10　X射线衍射、中中子衍射、X射线和中子衍射联合精修得到的反应无序浓度和温度因子

结构方面的信息。另外,从上面的精修结果我们也可以得出下面的关系式:$\sigma_{XRD}(AS) \approx \sigma_{XND}(AS) < \sigma_{NPD}(AS)$,$\sigma_{XRD}(B_{Sr}) \approx \sigma_{XND}(B_{Sr}) \approx \sigma_{NPD}(B_{Sr})$,$\sigma_{XRD}(B_{Fe}) \approx \sigma_{XND}(B_{Fe}) < \sigma_{NPD}(B_{Fe})$,$\sigma_{XRD}(B_{Mo}) \approx \sigma_{XND}(B_{Mo}) < \sigma_{NPD}(B_{Mo})$,$\sigma_{NPD}(B_{O}) < \sigma_{XND}(B_{O}) < \sigma_{XRD}(B_{O})$,$\sigma$ 表示精修得到的参数的标准偏差,XND 表示利用联合的 XRD 和 NPD 数据对"样品"晶体结构的精修。这些关系式也说明,由于 X 射线和中子与原子的相互作用机制不同,联合精修包含了 X 射线衍射和中子衍射携带的互补的结构信息。另一方面,这些关系式以及图 3-10的结果也说明 X 射线衍射在确定 Sr_2FeMoO_6 的反位缺陷浓度、金属原子(Sr、Fe、Mo)的温度因子方面具有较高的精度,而中子衍射尤其在确定氧原子的温度因子方面有重要的贡献。

图 3-11 ~图 3-13 给出的是将 Sr 和 O 的占有率也作为可修正参数与上述其

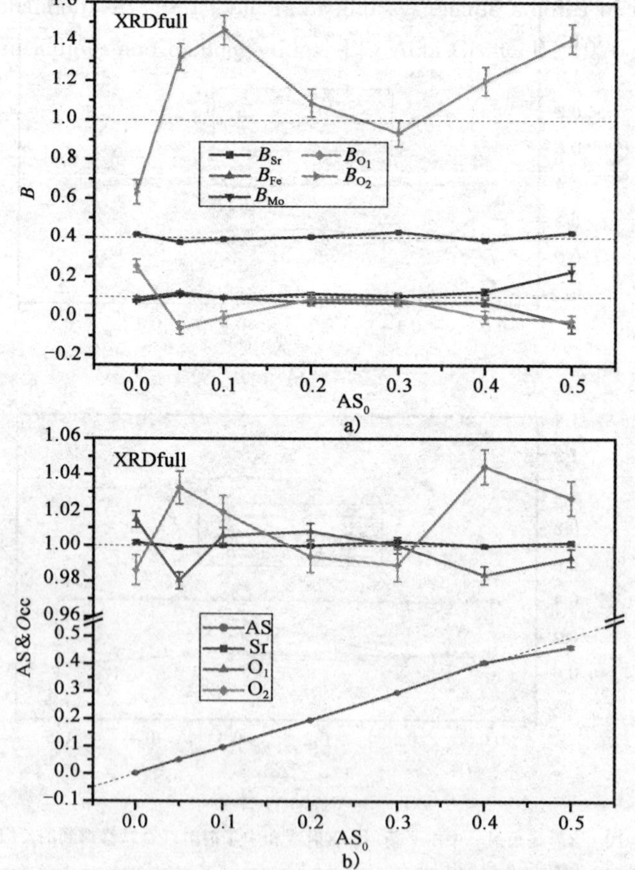

图 3-11 精修 X 射线衍射谱得到的所有原子的温度因子及位置占有率

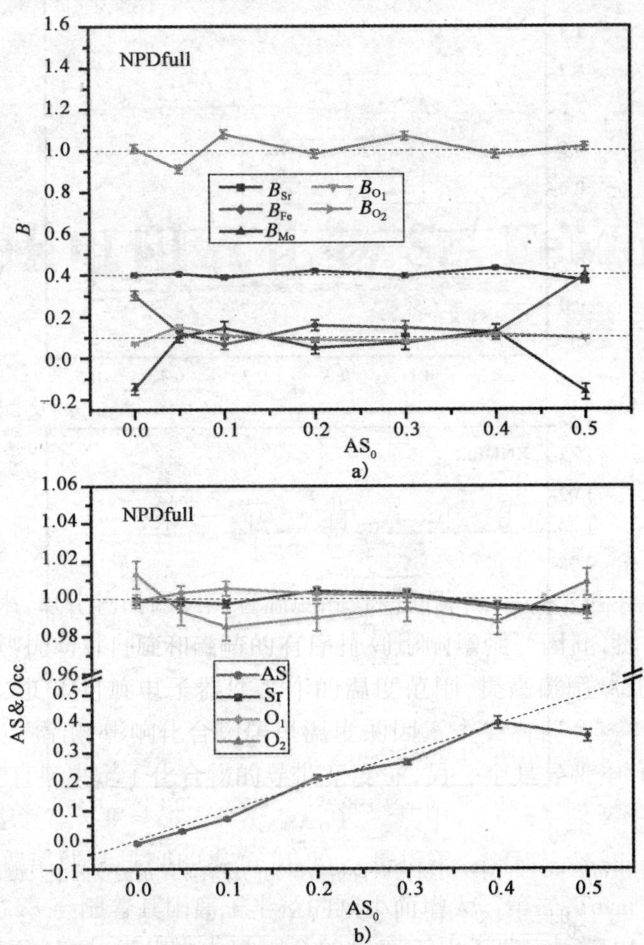

图 3-12 精修中子衍射谱得到的所有原子的温度因子及位置占有率

他参数一起精修得到的各原子的占有率和温度因子。经过与上述同样的分析，可以得出相同的结论和各参数的标准偏差。X 射线衍射能准确给出 Sr 的占有率，但不能准确确定氧位信息。利用中子衍射数据或联合的 X 射线数据和中子衍射数据对"样品"结构的精修能较准确地给出所有原子的占有率，但 4*e* 位置的氧原子的占有率仍有 2% 的误差，这将使我们在确定 Sr_2FeMoO_6 的氧含量时有 ±0.04 的误差。图 3-14 给出了利用不同数据对"样品"结构的精修得到的反位缺陷浓度的相对误差，可以清楚地看到，精修中子衍射数据得到的 AS 的相对误差可能高达 50%，而单独精修 X 射线衍射数据以及 X 射线和中子衍射数据的联合精修给出的 AS 平均只有 5% 的相对误差（$AS \leqslant 0.4$ 时，$|\Delta AS/AS_0| < 4\%$）。

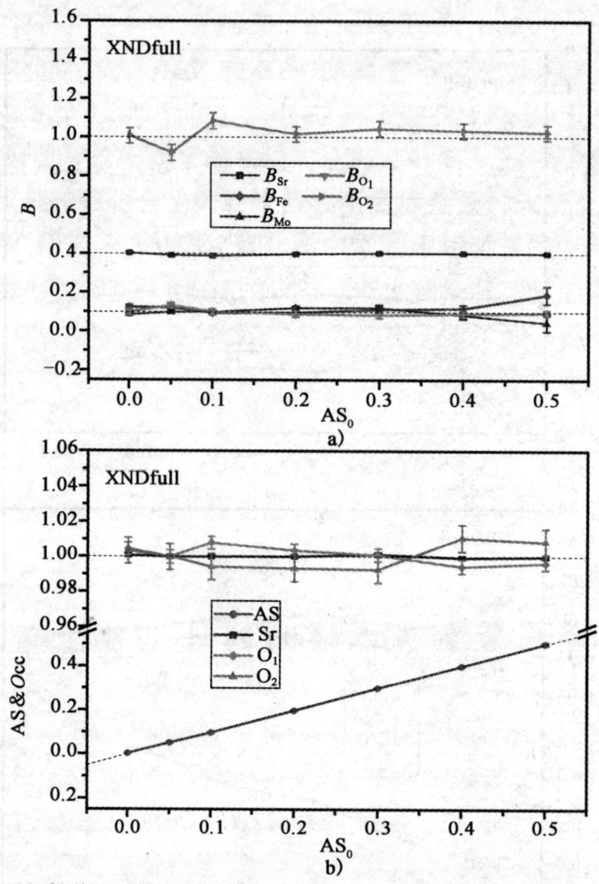

图 3-13　中子衍射谱及 X 射线衍射谱联合精修得到的所有原子的温度因子及位置占有率

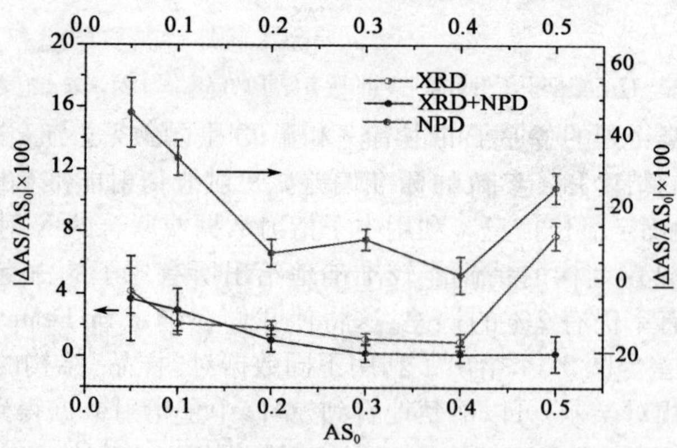

图 3-14　X 射线衍射、中子衍射以及 X 射线和中子衍射数据的联合精修给出的反位缺陷浓度的相对误差

Sr、Fe、Mo、O 原子的中子散射长度[22] b 分别为：0.702×10^{-12} cm、0.945×10^{-12} cm、0.672×10^{-12} cm、0.581×10^{-12} cm，其离子的核外电子数 Z 分别为：36、23、37、10。由于中子衍射强度与化合物中各原子的中子散射长度的平方成正比，而X射线衍射强度与化合物中相应离子的核外电子数的平方成正比，即：Sr_2FeMoO_6 中子衍射收集到的超结构衍射峰强度 $I\propto(b_{Fe}-b_{Mo})^2$，而 X 射线衍射收集到的超结构衍射峰强度 $I\propto(Z_{Fe}-Z_{Mo})^2$。不难得出：$(\Delta Z/\bar{Z})^2>(\Delta b/\bar{b})^2$，即超结构衍射峰在 XRD 中的衬度大于在 NPD 中的衬度。从图 3-15 也可以看到这一点，V 掺杂量 $x=0.03$ 和 $x=0.1$ 的样品的(011)中子衍射峰的信噪比比 X 射线衍射峰的信噪比要低得多。根据第一章的介绍，反位缺陷浓度的大小是与超结构衍射峰的强度息息相关的，X 射线衍射谱中的超结构衍射峰的强度较大，因此根据 XRD 数据我们能够准确确定样品的反位缺陷；而在中子衍射谱中该峰的强度较低，而且其中还含有磁结构衍射的贡献，因此利用中子衍射数据精修化合物的晶体结构得到的反位缺陷信息不确定度较大。

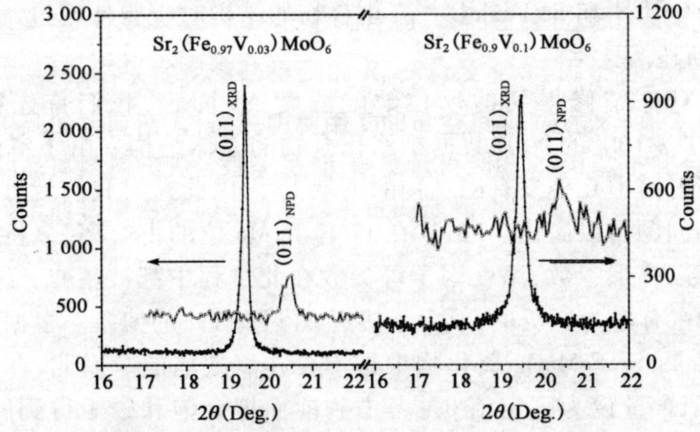

图 3-15　室温下 $Sr_2(Fe_{0.97}V_{0.03})MoO_6$ 和 $Sr_2(Fe_{0.1}V_{0.1})MoO_6$ 化合物的(011)超结构衍射峰的 X 射线衍射和中子衍射强度的比较

注：为清楚起见，中子衍射谱向高角度偏了 1°。

第五节　$Sr_2(Fe_{1-x}V_x)MoO_6$ 的中子衍射实验结果及讨论

众所周知，从理论上讲，要想决定三种不同原子(Fe、V、Mo)在两个晶体学位置(I4/m 空间群中的 $2a$ 和 $2b$ 位置)的占位情况至少需要两套具有不同原子散射截面的衍射数据,这样可以提供两个线性独立的结构因子[23]。由于在实验上准确测量衍射谱的绝对强度是很困难的,因此常用一个比例因子把任意单位的强度转换为绝对强度,这样的话,要想确定上述三种原子的占位就需要三套衍射数据。虽然我们只有X射线衍射和中子衍射两套数据,根据上面的结论,我们首先尝试利用联合的X射线衍射数据和中子衍射数据精修了化合物的结构,结果发现各原子的温度因子和其占有率的关联性较强(相关系数大约为90%),这样精修出来的结果是很不可靠的。考虑到Fe、V的中子散射长度差别较大(Sr、Fe、V、Mo、O的中子散射长度分别为:0.702×10^{-12}cm、0.945×10^{-12}cm、-0.038×10^{-12}cm、0.672×10^{-12}cm、0.580×10^{-12}cm),因此中子衍射能够有效区别Fe、V。根据前面的结论,X射线衍射能够有效确定Sr_2FeMoO_6的反位缺陷浓度。因此我们尝试各取所长的办法:首先利用X射线衍射得到化合物的反位缺陷浓度,然后固定这个反位缺陷浓度,再利用中子衍射数据,通过对化合物晶体结构的精修最终确定V元素所占的位置及含量。这种方法在精修$Sr_2(Fe,T)MoO_6$[5-6]61和Sr_2FeMoO_6[12]62化合物的结构时也曾使用过。具体的精修过程如下所述。

将前面XRD精修得到的反位缺陷浓度AS固定,我们首先根据室温(300K)下40°~160°的NPD数据精修化合物的晶体结构。由于室温下$2\theta >$ 40°的中子衍射谱中几乎没有磁结构的贡献[15]55,因此这时我们就可以只考虑核散射,从而问题得以简化。Fe、V在Fe位和Mo位的占有率、氧位的占有率以及原子参数、峰形参数、温度因子等参数在此过程中都被精修。结果发现,V在Fe位的占有率为一负值;氧含量接近6,只有1%的偏差。根据文献[10,12]的研究结果,Sr_2FeMoO_6氧化物中是不存在氧缺陷的。因此,在后面的精修中我们将氧含量设为固定值6。考虑到前面拟合饱和磁矩得到的结论,我们认为V完全占据了Mo位,而在Fe位的占有率为0,即Fe位的占位情况为$Fe_{1-AS}Mo_{AS}$,Mo位的占位情况为$Mo_{1-AS}Fe_{AS-x}V_x$,其中AS为利用X射线衍射数据精修化合物的晶体结构得到的反位缺陷浓度值,x为V在Mo位的占有率。根据这样的占位,利用这些NPD数据,我们重新精修了化合物的晶体结构并得到了一组新的Sr、Fe、Mo、O_1、O_2的温度因子及V在Mo位的占有率。Ritter等人对$Sr_2Fe_{0.75}V_{0.25}MoO_6$的研究结果[6]51认为Sr位不存在空穴,因此精修时我们没有精修Sr位的占有率,而是将其固定为2,后面键价分析的结果也证实了这一点。接着将我们得到的这些温度因子固定,利用X射线衍射数据重新精修了化合物的结构,得到了一个新的反位缺陷浓度,这个值与本章第三节中精修得到的反位缺陷浓度值基本一致，仅相差2%。将这个新的反位缺陷浓度值固定，利用NPD数据又一次精修了该化合物的结构，我们发现所得结论与上述相同：V完全占据Mo位，而在Fe位的占有率为一负值；氧含量接近6。至此，化合物的分子式可重新表达为$Sr_2(Fe_{1-AS}Mo_{AS})(Mo_{1-AS}Fe_{AS-x}V_x)O_6$，其中，AS为XRD精修得到的反位缺陷浓度；$x$为V在Mo位的占有率，可由精修全谱NPD数据得到。

Chmaissem等人[11]52的研究认为，Sr_2FeMoO_6的磁结构是沿[111]方向排列的；而Ritter等人[10]52的NPD研究表明当磁矩沿[110]方向排列时得到的拟合结果最好；Sánchez[12]52却认为Sr_2FeMoO_6中的磁矩沿[001]方向。鉴于此，根据全谱(10°~160°)的NPD数据精修化合物的结构，分别考虑了磁矩沿[001]、[110]、[111]方向排列的三种情况，同时假设Fe、Mo磁矩线性排列，磁结构示意图如图3-16所示。由于$3d/4d$阳离子有序，钙钛矿单胞被扩大为原来的2倍，因此双钙钛矿氧化物的磁衍射峰位置是与其核的布拉格衍射峰位置一致的。所有化合物300K时NPD数据的精修结果列于表3-4中，作为示例，图3-17上图给出了$Sr_2(Fe_{0.9}V_{0.1})MoO_6$样品的精修图，插图给出了样品76.5°附近的XRD衍射峰的放大图(为清楚起见，已将$k_{\alpha2}$衍射峰扣除)。可以明显看到，由于四方畸变，立方晶系的(620)单峰劈裂为(116)、(332)、(420)三个衍射峰。从表3-5可以看到，除V掺杂量为0.03的样品外，其他样品的中子衍射精修得到的V在Mo位的占有率几乎与名义含量相同。这就充分说明，在我们这一系列化合物中，V确实全部占据了Mo子晶格，在Fe位的占有率为0。根据文献[17,18]的结果，Sr_2FeMoO_6化合物中可能存在少量的Fe损失或Mo损失，但他们认为化合物中是不存在反位缺陷的。然而通过X射线衍射我们确实观察到超结构衍射峰的存在，也就是说Sr_2FeMoO_6中是存在反位缺陷的，同时在精修时我们把Fe位和Mo位的占有率视为1。我们认为V掺杂量$x=0.03$的样品，其中子衍射精修得到的V含量偏高是由于样品中V含量太低导致的误差引起的。

根据上面得到的原子占有率，我们还利用4K下$Sr_2(Fe_{0.9}V_{0.1})MoO_6$ 10°~160°的NPD数据精修了化合物的晶体结构和磁结构。考虑到300K时该样品Mo2b(0、0、0.5)位置的温度因子仅为0.09，低温下该温度因子还将继续降低，因此在此次精修中我们将Mo2b位置的温度因子固定为O。与上相同，Fe、Mo磁矩仍按线性排列，分别考虑磁矩沿[001]、[110]、[111]方向三种情况。结果发现三种模型精修的实验曲线图谱与计算图谱吻合得都很好，三种情况得

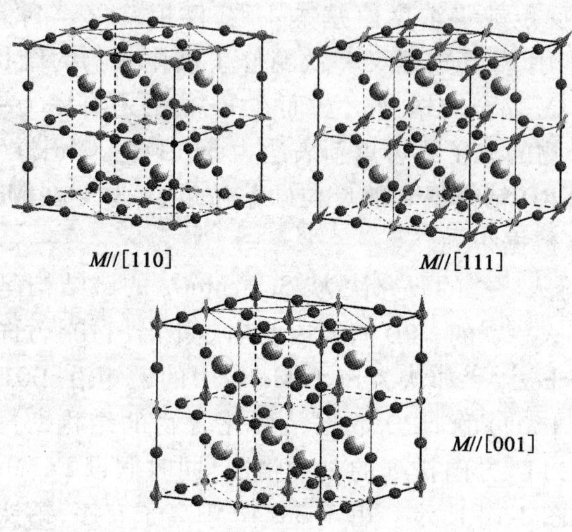

图 3-16 Sr_2FeMoO_6 氧化物中三种磁有序结构示意图(虚线表示四方晶格)

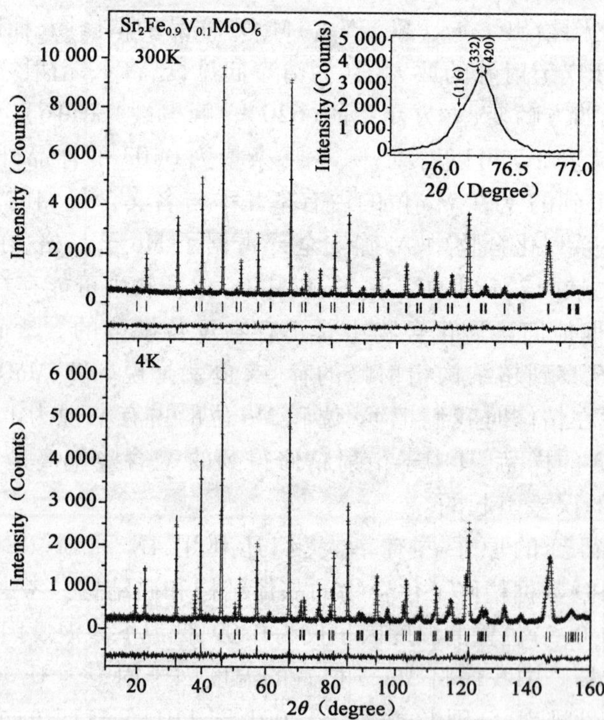

图 3-17 $Sr_2(Fe_{0.9}V_{0.1})MoO_6$ 样品 300 K 和 4 K 时的中子衍射精修图

Rietveld 结构精修所得到的 $Sr_2(Fe_{1-x}V_x)MoO_6$ 的结构参数及 R_P、R_{WP}、χ^2 因子，磁矩沿[110]方向：x 方向和 y 方向磁矩相同，z 方向磁矩为 0　表 3-4

化合物温度		$Sr_2Fe_{0.97}V_{0.03}MoO_6$ 300K	$Sr_2Fe_{0.95}V_{0.05}MoO_6$ 300K	$Sr_2Fe_{0.92}V_{0.08}MoO_6$ 300K	$Sr_2Fe_{0.90}V_{0.10}MoO_6$ 300K	$Sr_2Fe_{0.90}V_{0.10}MoO_6$ 4K
a(Å)		5.571 97(2)	5.572 43(2)	5.571 87(2)	5.570 85(2)	5.553 69(2)
c(Å)		7.899 12(4)	7.896 59(5)	7.894 31(6)	7.892 39(6)	7.899 26(5)
$\sqrt{2}a/c$		0.997 6	0.998 0	0.998 2	0.998 2	0.994 3
V(Å^3)		245.242(1)	245.205(2)	245.084(2)	244.935(2)	243.641(2)
Sr	at(1/201/4)					
	温度因子(Å^2)	0.850(5)	0.916(5)	0.969(6)	0.930(6)	0.441(8)
Fe/Mo[a]	at(000)	0.904(4)/0.096(4)	0.848(4)/0.152(4)	0.797(4)/0.203(4)	0.763(3)/0.237(3)	0.763(3)/0.237(3)
	温度因子(Å^2)	0.53(5)	0.78(6)	0.81(5)	0.78(5)	0.39(1)
	$\mu(\mu_B)$	2.2(1)	1.8(2)	1.4(3)	0.5(0)	3.5(2)
Mo/Fe/V[b]	at(001/2)	0.904(4)/0.040(3)/0.056(3)	0.848(4)/0.107(3)/0.045(3)	0.797(4)/0.120(3)/0.083(3)	0.763(3)/0.128(2)/0.109(2)	0.763(3)/0.128(2)/0.109(2)

续上表

化合物温度		$Sr_2Fe_{0.97}V_{0.03}MoO_6$ 300K	$Sr_2Fe_{0.95}V_{0.05}MoO_6$ 300K	$Sr_2Fe_{0.92}V_{0.08}MoO_6$ 300K	$Sr_2Fe_{0.90}V_{0.10}MoO_6$ 300K	$Sr_2Fe_{0.90}V_{0.10}MoO_6$ 4K
Mo/Fe/V[b]	温度因子(Å^2)	0.11(5)	0.18(7)	0.11(6)	0.09(6)	0[c]
	$\mu(\mu_B)$	−0.4(2)	−0.5(3)	−0.4(4)	0	−0.7(2)
O(1)	at(00z)					
	z	0.252 9(5)	0.251 8(7)	0.251 1(10)	0.250 8(10)	0.257 1(3)
	温度因子(Å^2)	0.968(18)	0.804(20)	0.933(23)	0.843(23)	0.702(17)
O(2)	at(xy0)					
	x	0.269 9(4)	0.268 5(5)	0.266 4(6)	0.265 2(6)	0.274 4(3)
	y	0.234 8(3)	0.234 9(5)	0.235 3(6)	0.236 1(6)	0.230 3(3)
	温度因子(Å^2)	1.028(10)	1.201(10)	1.157(11)	1.212(12)	0.476(9)
$R_P(\%)/R_{WP}(\%)/\chi^2$		3.93/4.99/1.21	4.51/5.64/1.30	4.21/5.23/1.13	3.98/5.03/1.38	6.43/7.96/2.52

注:1. [a] 表示 X 射线衍射谱精修得到的占有率,在中子衍射谱精修时固定不修。

2. [b] 表示中子衍射谱精修得到的 Fe、V 在 Mo 位的分布情况。

3. [c] 表示固定值(见正文)。

到的优值几乎相同，具体结果如表3-5所示。与文献报道的一致，精修结果表明Fe子晶格磁矩与Mo子晶格磁矩反平行排列。当取磁矩沿[110]方向排列时，精修得到的该化合物的磁矩为2.8(3)$\mu_B/f.u.$；当取磁矩沿[111]方向排列时，精修得到的该化合物的磁矩为2.7(3)$\mu_B/f.u.$，这两个结果都与前面用磁测量方法得到的该化合物的磁矩(2.67$\mu_B/f.u.$)比较一致。然而当取$Sr_2(Fe_{0.9}V_{0.1})MoO_6$的磁矩沿[001]方向时，精修得到的该化合物的磁矩为2.2(3)μ_B/f.u.，与实际结果偏差较大。根据文献[24]的研究结果，如果化合物为立方对称的话，单纯根据中子粉末衍射是无法确定其磁结构排列方向的。化合物如果具有单轴对称性(四方、斜方或六方对称)，根据中子粉末衍射也只能确定其自旋方向与化合物单轴的夹角，而其自旋在与沿该轴垂直的平面内的排列方向也是无法确定的。在本系列化合物中，由于样品的四方畸变较小($x=0.1$的样品的四方畸变$\sqrt{2}a/c=0.9943$)，因此仅仅从其NPD数据确定磁结构排列方向是相当困难的。作为示例，我们只给出了$Sr_2(Fe_{0.9}V_{0.1})MoO_6$样品4K时磁矩沿[110]方向排列的中子衍射精修图，如图3-17所示。表3-4列出了300K时所有样品以及4K时磁矩沿[110]方向排列的$Sr_2(Fe_{0.9}V_{0.1})MoO_6$的中子衍射精修结果。

$Sr_2(Fe_{0.9}V_{0.1})MoO_6$化合物磁矩按照三种排列方向精修得到的R因子及Fe、Mo位的磁矩 表3-5

磁矩排列方向	R_P(%)	R_{WP}(%)	χ^2	μ_{Fe}($\mu_B/f.u.$)	μ_{Mo}($\mu_B/f.u.$)
[110]	6.43	7.96	2.52	3.5(2)	-0.7(2)
[111]	6.24	7.81	2.66	3.29(2)	-0.6(4)
[001]	6.27	7.83	2.68	3.1(2)	-0.9(2)

应该注意到，在上面的精修中我们没有将Fe子晶格磁矩和Mo子晶格磁矩约束起来，但结果发现二者具有较强的关联性，这就说明二者是相互依赖的。虽然我们精修得到的化合物总的磁矩值与实验值基本相同，但通过对二者独立的精修不能唯一地确定Fe、Mo原子的磁矩[11]52。利用300K下全谱NPD数据对化合物结构的精修发现，在误差范围内Mo位的磁矩实际上为0，因此在精修$x=0.1$的化合物的结构时为使精修过程稳定，我们将Mo位磁矩固定为0。然而，精修得到的化合物300K时的总磁矩随V含量的提高而降低，这与前面磁测量得到的结论是一致的。

鲍林早在20世纪20年代就根据大量含氧酸盐的结构资料，总结了关于离子化合物结构的经验规则[25]，其中电价规则可概述为：在一个稳定的离子化合物结构中，每一阴离子的电价等于或近似等于从邻近的阳离子至该阴离子的各静电键强度的总和，即 $S=\sum_i \xi_i=\sum_i s_i/n_i$，其中 S 为阴离子的电价数，ζ_i 是 i 种阳离子至每一配位阴离子的静电键强度，它定义为 s_i/n_i（其中，s_i 是 i 种阳离子的电价数，n_i 为 i 种阳离子对周围近邻阴离子的配位数）。在此基础上，布朗等人将其发展成为键价理论[26-29]，该理论在保持电价规则中键强总和与原子化合价相等的前提下，允许正离子或负离子所连接的诸键的键价作不均匀的分配。根据键价理论，原子的电价将分配在它所参与的诸键上，使每个键均具有一定的键价 s 并符合加和规则，即每个原子所连接的诸键的键价之和等于该原子的原子价，而键价与键长密切相关。根据大量的离子键化合物的结构资料，布朗提出了键价与键长的关系式：$s=\exp[-(r-r_0)/B]$，其中 r 为键长，r_0 是 $s=1$ 时的 r 值，称为单价键长，$B=0.37$。根据键价理论，我们可以研究化合物内部原子所处的状态。设 s_{ij} 为 i 原子与 j 原子间的键价，在没有晶格失配的情况下，根据键价理论的加和规则，i 原子的原子价 S_i 等于 i 原子对邻近 j 原子键价 s_{ij} 的和，$S_i=\sum_j S_{ij}$。然而，当化合物内部存在应力时，原子的键价和并不等于其原子价。如果该原子的键价和大于其原子价，那么该原子处于被压缩的状态；相反，该原子则处于被拉伸的状态。为进一步理解 $Sr_2(Fe_{1-x}V_x)MoO_6$ 化合物中掺杂元素 V 选择性占据 Mo 子晶格的原因，我们利用 Bond-str 程序[30]计算了该化合物中金属原子与氧原子间的键长及各个晶位上原子的键价和，结果示于表 3-6 中。可以看到，Sr 原子的键价和与其标准化合价相同，这说明在双钙钛矿结构中，$4d$ 位置正好适合 Sr 原子。同样，Fe 位及 Mo 位上 Mo 原子的键价和也接近于 Mo^{5+}。Fe 位上 Fe、V 的键价和随 V 掺杂量的提高而增大，但都还接近于 +3 价；而 Mo 位上 Fe、V 的键价和明显大于 +3 价，这说明该位置对于 Fe、V 来说有些小，Fe、V 处于被压缩的状态，类似的特征在 Sr_2FeMoO_6 母体化合物中也曾报道过[10-11,31]。我们注意到，不管是 Fe 位还是 Mo 位上，V 的键价和总是比 Fe 的小 0.15 个键价单位，$x=0.03$ 的样品 Mo 位上 V 的键价和与 $x=0.1$ 的样品 Fe 位上 Fe 的键价和相当，这就说明，在 $x\leqslant 0.1$ 的情况下，$Sr_2(Fe_{1-x}V_x)MoO_6$ 化合物中的 V 择优占据 Mo 位引起的晶格畸变要比相同量的 Fe 占据 Mo 位引起的晶格畸变小。对于所有化合物，室温下的结构不稳定性因子（StructureInstabilityIndex）R_1（各个离子的键价和与其化学价差值的均方根）都小于 0.12 个键价单位。大量结构数据统计分析表明，当这个不稳定性因子小于 0.2 个键价单位时，化合物的结构在室温就是稳定的[28,29]74。

$Sr_2(Fe_{1-x}V_x)MoO_6$ 化合物中阳离子的键长与键价和 表 3-6

x	$x=0.03$ 300K	$x=0.05$ 300K	$x=0.08$ 300K	$x=0.1$ 300K	$x=0.1$ 4K
键长(Å) Fe-O(1) ×2	1.998(4)	1.989(6)	1.983(8)	1.980(8)	2.031(2)
Fe-O(2) ×4	1.993(2)	1.988(3)	1.980(3)	1.978(3)	1.990(2)
Mo-O(1) ×2	1.952(4)	1.960(6)	1.965(8)	1.967(8)	1.919(2)
Mo-O(2) ×4	1.956(2)	1.962(3)	1.967(3)	1.968(3)	1.953(2)
Sr-O(1) ×4	2.786(0)	2.786(0)	2.786(0)	2.785(0)	2.777(0)
Sr-O(2) ×4	2.694(1)	2.697(2)	2.703(2)	2.708(2)	2.666(1)
Sr-O(2) ×4	2.889(1)	2.884(2)	2.877(2)	2.870(2)	2.910(1)
Fe-O(2)-Mo	171.99°(7)	172.31°(11)	172.87°(13)	173.35°(13)	169.92°(10)
键价和 Fe on Fe sites	3.17(1)	3.23(1)	3.29(2)	3.32(2)	
V on Fe sites	3.04(0)	3.09(1)	3.15(2)	3.18(2)	
Mo on Fe sites	4.73(1)	4.82(2)	4.91(3)	4.95(3)	
Fe on Mo sites	3.54(1)	3.48(2)	3.43(2)	3.42(2)	
V on Mo sites	3.39(1)	3.33(2)	3.28(2)	3.27(2)	
Mo on Mo ites	5.27(2)	5.19(2)	5.11(3)	5.10(3)	
Sr on Sr sites	2.00(0)	2.00(0)	2.00(0)	2.00(0)	

由于 12 配位的 Fe^{3+} 与 V^{3+} 的离子尺寸几乎相等（Fe^{3+}：0.645Å，V^{3+}：0.64Å，CN=6[32]），因此，电荷差别和离子半径差别都不是 V 选择性占据 Mo 子晶格的原因。从 300K 下 Fe－O－Mo 的键角变化可以看到，随着 V 掺杂量的提高，样品的八面体畸变逐渐减小。当温度降到 4K 时，这种八面体畸变明显增大，FeO_6 八面体被拉长，而 MoO_6 八面体则被压缩。由于 Fe^{3+} 与 Mo^{5+} 离子的电荷差别和半径差别都和 V^{3+} 与 Mo^{5+} 的相近，因此电子组态效应可能是 V 选择性占据 Mo 子晶格的原因。考虑到 $V^{3+}(t_{2g}^2)$ 与 $Mo^{5+}(t_{2g}^1)$ 具有相似的电子组态，那么 V 在该化合物中择优占据 Mo 位可能是由于未满的 t_{2g} 轨道更适合压缩的八面体环境造成的。如绪论中所述，Ritter 等人对 $Sr_2(Fe_{0.75}T_{0.25})MoO_6$（$T$ = Sc－Co）的研究也发现[6]1，Ti、V、Co 掺杂的化合物中的掺杂元素占据 Fe 位的比例要比 Sc、Mn 在其化合物中占据 Fe 位的比例小得多，这也说明电子组态对化合物 B 位

离子的占位具有一定的影响。如果 V 掺杂量继续提高($x>0.1$),八面体扭曲就会进一步减小,那么电子组态对 V 择优占位的影响就会减小,当 V 掺杂量增大到某一域值时,V 就不会完全占据 Mo 位,而是同时出现在 Fe 和 Mo 两个子晶格位置。这个结论与 Ritter 等人对 V 含量高的 $Sr_2(Fe_{0.75}V_{0.25})MoO_6$ 的研究结果是一致的[6]51。

众所周知,V 在氧化物中经常呈现高价态(V^{4+} 或 V^{5+}),这也可能是其选择性占据 Mo 子晶格的原因之一,这是因为 V^{4+}、V^{5+} 的离子半径要比 Mo^{5+} 的离子半径小的缘故。然而,如果 $Sr_2(Fe_{0.9}V_{0.1})MoO_6$ 化合物中 Mo 位的 V 分别为 V^{3+}、V^{4+}、V^{5+},那么其键价和就分别为 3.27、3.65、3.85 个键价单位,与各自化合价的偏差分别为 0.27、-0.35、-1.15 个键价单位,因此化合物的结构不稳定性因子 R_1 将随着 V 化合价的提高而增大。如果 V 为 V^{5+},那么化合物的结构不稳定性因子 R_1 将比 V^{3+} 时提高 45%,化合物的结构也就不稳定。

综上所述,精修得到的 Mo 位上的 V 含量与配比含量几乎相等,精修得到的饱和磁矩与实验测得的饱和磁矩十分接近,计算的离子的键价和与其化合价比较一致,而且饱和磁矩随 V 含量的变化规律也可以根据亚铁磁模型(FIM)合理地重复出来,这一切都说明我们的精修结果比较可信。

第六节　本章小结

本章利用 X 射线粉末衍射、中子粉末衍射、电测量、磁测量等方法系统研究了 $Sr_2(Fe_{1-x}V_x)MoO_6$ 的晶体结构、V 的占位、电磁性质及磁电阻效应。X 射线衍射表明,所有化合物都具有双钙钛矿结构,属于四方晶格,空间群为 I4/m。利用 X 射线衍射数据对化合物结构的精修表明,由于 V 的离子半径小于 Fe 的离子半径,因此化合物的晶格常数和单胞体积随 V 掺杂量的提高而降低,有序度随 V 掺杂量的提高也明显降低。电测量表明,母体化合物及低掺杂量的两个样品的电阻率呈半导体特性,而掺杂量较高的两个样品的电阻率有一半导体—金属转变,掺杂样品的电阻率随掺杂量的提高而降低,这可能是由于 $SrVO_3$ 的金属特性引起的。磁电阻测量表明,由于反位缺陷引起的反铁磁团簇抑制了自旋极化载流子在晶界的隧穿,因此化合物的磁电阻效应随掺杂量的提高而降低。化合物的居里温度由于反位缺陷的提高而降低;饱和磁矩也随反位缺陷的增加而线性降低。根据 FIM 模型对化合物饱和磁矩的拟合结果表明,掺杂元素 V 可能全部选择性占据了 Mo 子晶格。

为分析中子衍射数据以进一步确定 V 在 $Sr_2(Fe_{1-x}V_x)MoO_6$ 中的占位,我们首先研究了X射线衍射和中子衍射确定Sr_2FeMoO_6中的B位有序度的准确性问题,结果表明:X射线衍射能够准确确定反位缺陷和金属原子的温度因子,但由于氧的X射线散射因子较小,X射线衍射不能给出准确的氧位信息;中子衍射的优点在于它能准确确定氧的温度因子和占有率,但由此确定的反位缺陷的误差却很大;而中子衍射和X射线衍射的联合精修能够准确给出上述所有信息。

根据上面得到的结论,利用化合物的X射线粉末衍射数据和中子粉末衍射数据对$Sr_2(Fe_{1-x}V_x)MoO_6$的结构精修表明,V确实全部选择性占据了Mo子晶格。室温时化合物的结构畸变和八面体扭曲随V含量的提高而减小,但在低温时化合物的这种扭曲明显增大。分别按照[001]、[111]、[110]三种磁矩排列方向对化合物的磁结构的精修结果都很理想,后面两种模型精修得到的磁矩值与实验测得的磁矩值比较接近,而根据[001]磁矩排列方向精修得到的化合物的磁矩比实验值稍微小一些。键价分析结果表明,Mo离子在Fe位和Mo位都是合适的。不管是Fe位还是Mo位,V的键价和都比Fe的小0.15个键价单位。在低掺杂量时,Fe位上$3d$阳离子的键价和都接近3但Mo位上的键价和都明显大于3。我们认为,V^{3+}的电子组态与Mo^{5+}的电子组态相近可能是V选择性占据Mo子晶格的主要原因。

本章参考文献

[1] K. I. Kobayashi, T. Okuda, Y. Yomioka, T. Kimura, Y. Tokura. Possible percolation and magnetoresistance in orderd double perovskite alloys $Sr_2Fe(W_{1-x}Mo_x)O_6$[J]. J. Magn. Magn. Mater., 2000, 218: 17-24.

[2] S. Ray, A. Kumar, S. Majumdar, E. V. Sampathkumaran, D. D. Sarma. Transport and magnetic properties of $Sr_2FeMo_xW_{1-x}O_6$[J]. J. Phys.: Condens. Matter, 2001, 13: 607-616.

[3] C. L. Yuan, Y. Zhu, P. P. Ong. Effect of Cu doping on the magnetoresistive behavior of double perovskite Sr_2FeMoO_6 polycrystals[J]. J. Appl. Phys., 2002, 91: 4421-4425.

[4] X. M. Feng, G. H. Rao, G. Y. Liu, H. F. Yang, W. F. Liu, Z. W. Ouyang, L. T. Yang, Z. X. Liu, RC Yu, C. Q Jin, J. K. Liang. Structure and magnetoresistance of the double perovskite Sr_2FeMoO_6 doped at the Fe site[J]. J. Phys.: Condens. Matter, 2002, 14: 12503-15211.

[5] J. Blasco, C. Ritter, L. Morellon, P. A. Algarable, J. M. De Teresa, D. Serrate, J. García, M. R. Ibarra. Structural, magnetic and transport properties of $Sr_2Fe_{1-x}Cr_xMoO_{6-y}$[J]. Solid State Sci, 2002, 4: 651-660.

[6] C. Ritter, J. Blasco, J. M. De Teresa, D. Serrate, L. Morellon, J. García, M. R. Ibarra. Structural and magnetic details of 3d – element doped $Sr_2Fe_{0.75}T_{0.25}MoO_6$[J]. Solid State Commun., 2004, 6: 419-431.

[7] Ll. Balcells, J. Navarro, M. Bibes, A. Roig, B. Martínez, J. Fontcuberta. Cationic ordering control of magnetization in Sr_2FeMoO_6 double perovskite[J]. Appl. Phys. Lett., 2001, 78: 781-783.

[8] M. García-Hernández, J. L. Martínez, M. J. Martínez – Lope, M. T. Casais, J. A. Alonso. Finding universal correlations between cationic disorder and low field magnetoresistance in FeMo double perovskite series[J]. Phys. Rev. Lett., 2001, 86: 2443-2446.

[9] A. S. Ogale, S. B. Ogale, R. Ramesh, T. Venkatesan. Octahedral cation site disorder effects on magnetization in double – perovskite Sr_2FeMoO_6: Monte Carlo simulation study[J]. Appl. Phys. Lett., 1999, 75: 537-539.

[10] C. Ritter, M. R. Ibarra, L. Morellon, J. Blasco, J. García, J. M. De Teresa. Structural and magnetic properties of double perovskites $AA'FeMoO_6$ ($AA' = Ba_2$, BaSr, Sr_2 and Ca_2)[J]. J. Phys.: Condens. Matter, 2000, 12: 8295-8308.

[11] O. Chmaissem, R. Kruk, B. Dabrowski, D. E. Brown, X. Xiong, S. Kolesnik, J. D. Jorgensen, C. W. Kimball. Structural phase transition and the electronic and magnetic properties of Sr_2FeMoO_6[J]. Phys. Rev. B, 2000, 62: 14197-14206.

[12] D. Sánchez, J. A. Alonso, M. García-Hernández, M. J. Martínez-Lope, J. L. Martínez. Origin of neutron magnetic scattering in antisite-disordered Sr_2FeMoO_6 double perovskite[J]. Phys. Rev. B, 2002, 65: 104426.

[13] C. L. Yuan, Y. Zhu, and P. P. Ong. Effect of Cu doping on the magnetoresistive behavior of double perovskite Sr_2FeMoO_6 polycrystals[J]. J. Appl. Phys., 2002, 91: 4421-4425.

[14] F. Inaba, T. Arima, T. Ishikawa, T. Katsufuji, Y. Tokura. Change of electronic properties on the doping-induced insulator-metal transition in $La_{1-x}Sr_xVO_3$[J]. Phys. Rev. B, 1995, 52: R2221-R2224.

[15] M. García-Hernández, J. L. Martínez, M. J. Martínez-Lope, M. T. Casais, J. A. Alonso. Finding Universal Correlations between Cation Disorder and Low Field Magnetoresistance in FeMo Double Perovskite Series[J]. Phys. Rev. Lett, 2001, 86: 2443-2446.

[16] A. Arrott, J. E. Noakes. Approximate equation of state for nickel near critical temperature[J]. Phys. Rev. Lett., 1967, 19: 786-789.

[17] Y. Tomioka, T. Okuda, Y. Okimoto, R. Kumai, K. I. Kobayashi, Y. Tokura. Magnetic and electric properties of a single crystal of ordered double perovskite Sr_2FeMoO_6[J]. Phys. Rev. B., 2000, 61: 422-427.

[18] K. I. Kobayashi, T. Okura, Y. Yomioka, T. Kimura, Y. Tokura. Possible percolation and magnetoresistance in ordered double perovskite alloys $Sr_2Fe(W_{1-x}Mo_x)O_6$[J]. J. Magn. Magn. Mater., 2000, 218:17-24.

[19] G. Y. Liu, G. H. Rao, X. M. Feng, H. F. Yang, Z. W. Ouyang, W. F. Liu, J. K. Liang. Structure transition and atomic ordering in the non-stoichiometric double perovskite $Sr_2Fe_xMo_{2-x}O_6$[J]. J. Alloys Comp., 2003, 353: 42-47.

[20] J. Lindín, T. Yamamoto, M. Karppinen, H. Yamauchi, T. Pierari. Evidence for valence fluctuation of Fe in Sr_2FeMoO_{6-w} double perovskite[J]. Appl. Phys. Lett.,2000, 76: 2925-2927.

[21] J. M. Greneche, M. Venkatesan, R. Suryanarayanan, J. M. D. Coey, Phys. Rev. B. Mössbauer spectrometry of A_2FeMoO_6 (A = Ca, Sr, Ba): Search for antiphase domains[J]. Phys. Rev. B,2001, 63: 1744031-1744035.

[22] 梁敬魁. 相图与相结构(下)[M],北京:科学出版社,1993.

[23] A. Williams, G. H. Kwei, A. T. Ortiz, M. Karnowski, W. K. Warburton, Combined neutron and X-ray powder diffraction study of $Fe_{0.5}Co_{0.48}V_{0.02}$[J]. J. Mater. Res., 1990, 5: 1197-1200.

[24] G. Shirane. A Note on the Magnetic Intensities of Powder Neutron Diffraction [J]. Acta Cryst. B, 1959, 12: 282-285.

[25] L. Pauling. The Principles Determining the Structure of Complex Ionic Crystals[J]. J. Amer. Chem. Soc., 1929, 51: 1010-1026.

[26] I. D. Brown, R. D. Shannon. Empirical Bond-Strength-Bond-Length Curves for Oxides[J]. Acta Cryst. A, 1973, 29:266-282.

[27] I. D. Brown, K. K. Wu. Empirical Parameters for Calculating Cation-Oxygen

Bond Valences[J]. Acta Cryst. B, 1976, 32:1957-1959.

[28] I. D. Brown. Chemical and Steric Constraints in Inorganic Solids[J]. Acta Cryst. B, 1992, 48: 553-572.

[29] I. D. Brown, D. Altermatt. Bond-Valence Parameters Obtained from a Systematic Analysis of the Inorganic Crystal Structure Database[J]. Acta Cryst. B, 1985, 41:244-247.

[30] J. Rodríguez-Carvajal. Recent advances in magnetic structure determination by neutron powder diffraction[J]. Physica B,1993, 192: 55-69.

[31] Y. Tomioka, T. Okuda, Y. Okimoto, R. Kumai, K.-I. Kobayashi, Y. Tokura. Magnetic and electronic properties of a single crystal of ordered double perovskite Sr_2FeMoO_6[J]. Phys. Rev. B, 2000, 61: 422-427.

[32] R. D. Shannon. Revised ionic radii and systematic studies of interatomic distances in halides and chalcogenides[J]. Acta Cryst. B, 1976, 32: 751-767.

第四章
磁电阻氧化物 Sr_2FeMoO_6 的电子掺杂效应

第一节 背景介绍

一般说来，氧化物的磁阻随着温度的升高而降低，因为当温度接近化合物的居里温度时热扰动对自旋和磁畴的有序排列影响增强。因此，提高化合物的居里温度就可以扩大自旋电子器件工作的温度范围，提高磁阻氧化物的实用性。Galasso 等人[1]指出，影响化合物居里温度的因素主要有两个：一个是化合物的结构参数，它直接决定了化合物的导带宽度 W，另一个是导带电子填充的密度。首先，居里温度 $T_C \propto W \approx \cos\omega/(d_{Fe/Mo-O})^{3.5}$，其中，$\omega = \pi - \langle Fe-O-Mo \rangle$ 是指 Fe-O-Mo键偏离线性排列的夹角，$d_{Fe/Mo-O}$是指 Fe-O 和Mo-O的平均键长。因此，化合物的 T_C 会随着其阳离子半径的减小而增大。第二，Tovar 等人[2]的研究结果表明，Sr_2FeMoO_6 氧化物中磁耦合的强度正比于费密面处电子态密度的大小，通过电子掺杂向导带注入电子就成为提高 Sr_2FeMoO_6 氧化物居里温度的一种有效方法。用 La^{3+} 离子替代 Sr_2FeMoO_6 中的 Sr^{2+} 离子就是一个最成功的例子[3-6]。$(Sr_{2-x}La_x)FeMoO_6$[5]81、$(Ba_{0.8}Sr_{0.2})_{2-x}La_xFeMoO_6$[6]81 及 $(Ba_{1+x}Sr_{1-3x}La_{2x})FeMoO_6$[3]81 体系的研究结果表明，化合物的居里温度由于 La 掺杂而被提高，然而提高幅度却各不相同。在 $(Sr_{2-x}La_x)FeMoO_6$ 体系中，$dT_C/dx \approx 1.3K/\%$ La，$(Ba_{0.8}Sr_{0.2})_{2-x}La_xFeMoO_6$ 体系中 $dT_C/dx \approx 3K/\%$ La，而 $(Ba_{1+x}Sr_{1-3x}La_{2x})FeMoO_6$ 体系中 T_C 的提高幅度与上面两体系的也不相同。这可能是由于其各自不同的结构参数或导带宽度造成的。为消除这种结构参数引起的影响，进一步了解能带填充对双钙钛矿化合物的磁特性和输运性质的影响，我们合成了

$(Sr_{2-3x}La_{2x}Ba_x)FeMoO_6$($x$=0,0.08,0.10,0.13,0.20,0.25,0.30)系列化合物。这是因为,12 配位的 Sr^{2+}、La^{3+} 和 Ba^{2+} 的离子半径分别为 1.44Å、1.36Å 和 1.61Å,那么用2/3 个 La 原子和1/3 个 Ba 原子替代 1 个 Sr 原子后,$(Sr_{2-3x}La_{2x}Ba_x)FeMoO_6$ 化合物 A 位阳离子的平均半径仍为 1.44Å,这样我们希望既达到电子掺杂的目的又能使该化合物的结构参数不随掺杂量的改变而改变。此外,能带结构计算表明,研究 Sr_2FeMoO_6 氧化物中饱和磁矩改变的原因有助于我们进一步了解化合物中磁相互作用的机制[7,8]。考虑到低温下大多数稀土都具有磁矩,用三价稀土离子替代 Sr_2FeMoO_6 中的 Sr^{2+} 离子除了能够提高化合物的居里温度外,研究稀土磁矩对化合物磁矩的影响也是一项十分有意义的工作。本章就以稀土掺杂的$(Sr_{2-3x}La_{2x}Ba_x)FeMoO_6$、$(Sr_{1.85}Ln_{0.15})FeMoO_6$($Ln$=Sr,La,Ce,Pr,Nd,Sm,Eu)和$(Sr_{2-x}Eu_x)FeMoO_6$ 化合物为研究对象,利用 X 射线衍射、电测量、磁测量等手段系统研究了稀土掺杂对化合物的晶体结构、磁特性及电输运性质的影响。

第二节　材料的制备及实验方法

多晶$(Sr_{2-3x}La_{2x}Ba_x)FeMoO_6$($0 \leqslant x \leqslant 0.3$)、$(Sr_{1.85}Ln_{0.15})FeMoO_6$($Ln$=Sr,La,Ce,Pr,Nd,Sm,Eu)和$(Sr_{2-x}Eu_x)FeMoO_6$ 可在高温下按标准固相反应生成。把按严格化学当量配比的 $SrCO_3$、Fe_2O_3、MoO_3、La_2O_3、CeO_2、Pr_6O_{11}、Nd_2O_3、Sm_2O_3、Eu_2O_3 和 $BaCO_3$ 充分混合,在空气中 900℃ 预烧 10h,预烧产物研磨后压成片状,接着再在 5% H_2/Ar 环境中 1 280℃烧结 3h,多次重复该过程直到得到没有杂相、衍射峰形较好的单相样品。

室温 X 射线粉末衍射实验(XRD)是在日本理学 RigakuD/Max2500 型衍射仪上完成的,该衍射仪采用的是 Cu 靶 K_α 辐射和石墨单色器。数据收集采用的是步进方式,步长为 2θ = 0.02°,每步收集时间为 1s,收集范围为 $15° \leqslant 2\theta \leqslant 140°$。

磁化曲线是在超导量子干涉仪(SQUID)上完成的,测量温度为 5K,加场范围为 0 ~ 5T。热磁曲线是在振动样品磁强计(VSM)上完成的,所加磁场为 0.05T。

第三节　实验结果及讨论

一、($Sr_{2-3x}La_{2x}Ba_x$)$FeMoO_6$ 化合物的结构与磁性

1. 晶体结构

Rietveld 结构精修表明，($Sr_{2-3x}La_{2x}Ba_x$)$FeMoO_6$($0 \leqslant x \leqslant 0.3$)系列化合物在掺杂量 $x=0.2$ 处有一结构转变，$x<0.2$ 的化合物属于四方晶系，空间群为 I4/m ($\sqrt{2}a_p \times \sqrt{2}a_p \times 2a_p$)；$0.2 \leqslant x \leqslant 0.3$ 的化合物属于立方晶系，空间群为 $Fm\bar{3}m$($2a_p \times 2a_p \times 2a_p$)，其中 a_p 为原始立方钙钛矿 ABO_3 的晶胞参数。这种结构转变不管是在双钙钛矿体系[9-11]还是在单钙钛矿锰氧化物体系[8]82中都是经常发生的。如图 4-1a)、b)中的插图所示(为清楚起见已将 $K_{\alpha2}$衍射峰扣除)，由于结构转变，立方晶系中的(620)单峰在四方晶系中劈裂为(116)、(332)、(420)三个衍射峰。对于掺杂量 $x=0.2$、0.25、0.3 的三个化合物，我们曾经也试图根据 I4/m 空间群精修其晶体结构，结果发现精修得到的 R_P、R_{WP}及 χ^2 等因子都比根据 $Fm\bar{3}m$ 空间群精修得到的相应值大，这说明利用 $Fm\bar{3}m$ 空间群描述 $x=0.2$、0.25、0.3 三个化合物的晶体结构较为合理。另外，电测量得到的 $x<0.2$ 的化合物的电阻率和半导体—金属转变温度(T_{M-S})随掺杂量的提高而降低，而 $x \geqslant 0.2$ 的化合物则与此相反，这也说明化合物在掺杂量 $x=0.2$ 处有一结构转变。由图 4-1 的插图可以看到，立方晶系化合物衍射峰的半高宽比四方晶系的稍宽一些，这可能是由于 La、Ba 的掺杂使样品的晶粒细化造成的。另外，在轻微畸变的钙钛矿型化合物里除反位缺陷外，还存在其他类型的微观缺陷。例如，Fu 等人通过高分辨的飞行时间中子衍射研究发现 $BaPbO_3$ 化合物中存在微观孪晶[12]，Ting 等人对 A_2InNbO_6(A = Ba,Sr)化合物的透射电镜观察和中子衍射谱峰形的仔细分析发现化合物中存在小尺寸的堆垛层错[13]。这些微观缺陷的存在也可能是化合物衍射峰宽化的原因，因此($Sr_{2-3x}La_{2x}Ba_x$)$FeMoO_6$ 系列化合物中立方晶系化合物衍射峰的宽化也可能是掺杂引起的晶粒细化、反位缺陷增多及立方结构中可能存在的孪晶、堆垛层错、反相畴等微观缺陷造成的。如表 4-1 所示，不管是在四方相区还是在立方相区，($Sr_{2-3x}La_{2x}Ba_x$)$FeMoO_6$ 化合物的晶格常数都随 La、Ba 掺杂含量的提高而增大。然而，正如引言中所介绍的，如果单纯从离子尺寸因素方面考虑的话，($Sr_{2-3x}La_{2x}Ba_x$)$FeMoO_6$ 化合物的晶格常数不应该随着掺杂含量的提高而增大。根据文献[2-11,14,15]的研究结果，($Sr_{2-3x}La_{2x}Ba_x$)$FeMoO_6$ 化

合物中的掺杂电子很可能选择性地进入了金属性的 Mot_{2g} 轨道，因此化合物费米面处电子态密度增加。由于这些电子屏蔽了决定原子间键长的离子势，因此化合物的键长增大，单胞体积增加。这种由于电子态密度改变而引起的单胞体积的变化在钙钛矿锰氧化物中也曾报道过[16]。

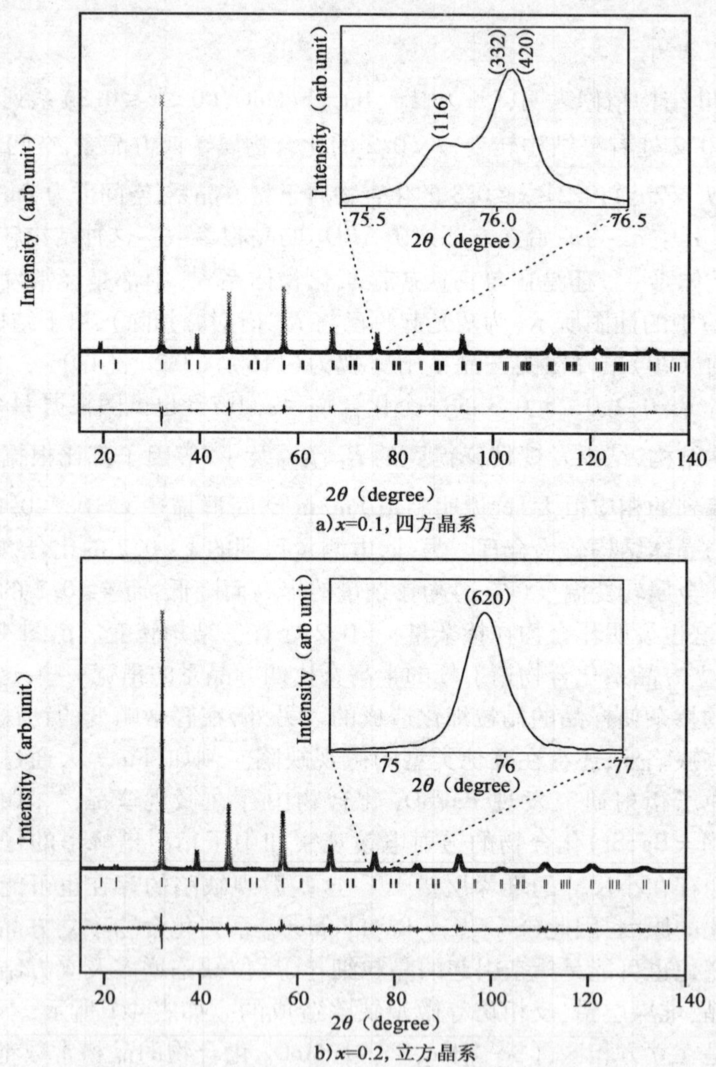

图 4-1　$(Sr_{2-3x}La_{2x}Ba_x)FeMoO_6$ 化合物的 X 射线衍射精修图

注：插图给出的是 76° 附近衍射峰的放大图，为清楚起见已将 $K_{\alpha 2}$ 衍射峰扣除。

图 4-2 为$(Sr_{2-3x}La_{2x}Ba_x)FeMoO_6$系列化合物的 X 射线衍射图，所有样品均为单相。由于 Fe、Mo 间的有序排列，样品在 19°左右有一超结构衍射峰——四方晶系超结构衍射峰，其晶面指数为(101)，立方晶系的超结构衍射峰的晶面指数为(111)。如图 4-2 的插图所示，化合物的有序度随 La、Ba 掺杂含量的提高而大幅度降低，这与超结构衍射峰的强度变化是一致的。我们知道，双钙钛矿化合物 B 位有序度的大小是与 Fe、Mo 间的电荷差别紧密相关的，差别越大，B 位有序度也就越高。根据核磁共振[17]、穆斯堡尔谱[18]等实验结果，掺杂电子选择性地进入 Mo 轨道，因此 Mo 离子的化合价被降低，而 Fe 离子的化合价基本不变，这样，Fe 离子与 Mo 离子间的电荷差别减小，B 位有序度也就随之降低。

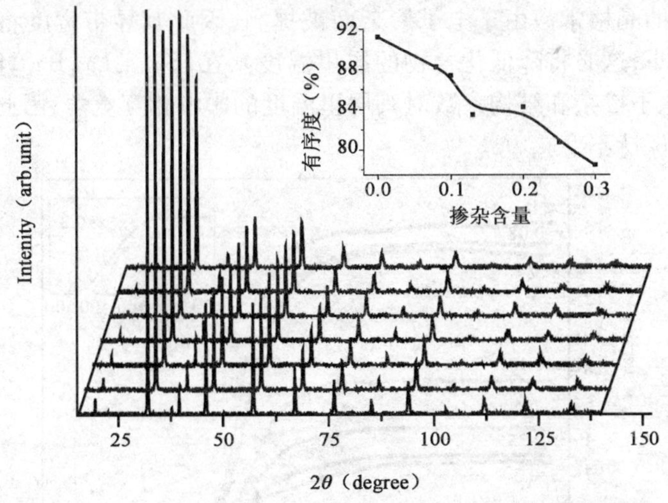

图 4-2　$(Sr_{2-3x}La_{2x}Ba_x)FeMoO_6$ 系列化合物的 X 射线衍射图

注：从上到下分别为 $x=0,0.08,0.1,0.13,0.2,0.25,0.3$。插图为化合物的有序度随掺杂量的变化曲线。

2. *居里温度和饱和磁矩*

由于 Fe^{3+} 的 $3d$ 电子($3d^5;t_{2g}^3e_g^2;S=5/2$)主要为局域态，而 Mo^{5+} 的 $4d$ 电子($4d^1;t_{2g}^1;S=1/2$)为巡游态，巡游的 $4d$ 电子在 Fe^{3+}-O-Mo-O-Fe^{2+}之间跃迁，形成类双交换的电荷输运机制。从磁性方面看，局域性的 $Fe^{3+}3d$ 电子和巡游性的 $Mo^{5+}4d$ 电子反铁磁耦合，形成强烈的磁相互作用。因此，磁相互作用的强弱是与费密面处电子态密度成正比的。正如文献[3-6,19]所报道的，由于掺杂电子进入金属性的 Mo$4d$ 轨道，Fe、Mo 间的磁相互作用被加强，因此化合物的居里温度被提高。图 4-3 给出了$(Sr_{2-3x}La_{2x}Ba_x)FeMoO_6$($0\leqslant x\leqslant 0.3$)系列化合物的热磁曲线，随着温度的降低，化合物的磁化强度逐渐升高，直至饱和。此时，化合物经历了一个顺磁—铁磁的转变过程，随着 La、Ba 掺杂量的提高，这个过程逐渐变得缓慢，尤其是 $x=0.3$ 的化合物的顺磁—铁磁转变过程已十分缓慢，为清楚起见，我们给出了其放大图（插图）。然而，如表 4-1 所示，$(Sr_{2-3x}La_{2x}Ba_x)FeMoO_6$系列化合物的居里温度并没有明显的提高，基本不随掺杂含量的提高而改变。我们认为这主要是以下两个因素相互竞争作用的结果：首先，由于掺杂电子进入了金属性的 Mo4d 轨道，Fe、Mo 间的磁相互作用被加强，因此化合物的居里温度应随掺杂量的提高而升高。第二，根据文献[7,20,21]的研究结果，化合物的居里温度随其导带宽度的减小而降低。如前所述，$(Sr_{2-3x}La_{2x}Ba_x)FeMoO_6$系列化合物的晶格常数由于电子掺杂而被提高，因此其导带宽度将随着掺杂量的提高而减小，这必将降低化合物的居里温度。在$(Sr_{2-3x}La_{2x}Ba_x)FeMoO_6$ 系列化合物中，电子掺杂和结构参数对其居里温度的影响相互竞争，因此化合物的居里温度基本保持不变。

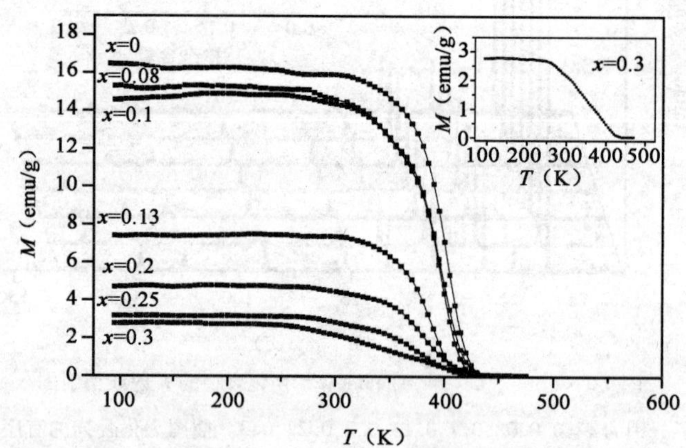

图 4-3 $(Sr_{2-3x}La_{2x}Ba_x)FeMoO_6$ 系列化合物的热磁曲线

注：插图为 $x=0.3$ 样品的热磁曲线的放大图。

$(Sr_{2-3x}La_{2x}Ba_x)FeMoO_6$（$0\leqslant x\leqslant 0.3$）系列化合物的空间群、晶格常数、$R_{WP}$及 R_e 因子、居里温度、饱和磁矩及半导体—金属转变温度 表 4-1

x	空间群	a (Å)	c (Å)	η (%)	R_{WP} (%)	R_e (%)	T_C (K)	T_{M-S} (K)	M_S ($\mu_B/f.u.$)
0	I4/m	5.571 03(5)	7.896 18(11)	91.24	12.00	6.59	419	—	3.70
0.08	I4/m	5.578 90(6)	7.908 38(13)	88.22	10.50	5.81	416	185	3.33
0.1	I4/m	5.579 11(7)	7.918 36(13)	87.39	10.70	5.92	414	173	3.29
0.13	I4/m	5.583 54(9)	7.921 02(20)	84.26	10.00	6.03	410	—	2.85

续上表

x	空间群	a (Å)	c (Å)	η (%)	R_{WP} (%)	R_e (%)	T_C (K)	T_{M-S} (K)	M_S ($\mu_B/f.u.$)
0.2	$Fm\bar{3}m$	7.915 09(2)	7.915 09(2)	83.5	10.20	6.09	414	152	2.50
0.25	$Fm\bar{3}m$	7.922 17(4)	7.922 17(4)	80.76	9.98	6.13	412	194	2.10
0.3	$Fm\bar{3}m$	7.931 56(3)	7.931 56(3)	78.5	11.20	6.46	420	222	1.66

接下来我们来看一下($Sr_{2-3x}La_{2x}Ba_x$)$FeMoO_6$ 系列化合物的磁化曲线。如图 4-4 所示,在开始加场阶段,样品的磁化强度迅速增大,之后随磁场增大而逐渐饱和。由此得到的化合物的饱和磁矩在图 4-5 中用实心圆表示。如图 4-5 中插图所示,不管是在四方相区还是在立方相区,化合物的饱和磁矩都随反位缺陷浓度的增加而线性降低,这说明在两个相区内反位缺陷浓度对化合物的饱和磁矩都有较大影响。根据 Ogale 等人[22] 的研究结果,化合物中反铁磁的Fe-O-Fe相互作用随着反位缺陷的增多而增大,因此饱和磁矩会有所降低。对插图中数据的进一步分析表明,在不考虑电子掺杂对饱和磁矩的影响的情况下,如果反位缺陷浓度相同,立方相样品的饱和磁矩要比四方相样品的饱和磁矩高一些,这是由于立方晶格比四方晶格的畸变小。根据亚铁磁模型(FIMmodel),化合物的饱和磁矩 $M_S = 4 - 8y\mu_B/f.u.$,其中 y 表示其反位缺陷浓度。在电子掺杂的情况下,由于掺杂电子选择性地进入 Mo 轨道,因此在该系列化合物中上式应修改为 $M_S = (4 - 8y - 2x)\mu_B/f.u.$。据此计算的化合物的饱和磁矩如图 4-5 中空心圆所示,计算值与实验值基本吻合,只是四方相区中二者的差值比立方相区中的大,这可能是由于 FIM 模型过于简单,没有充分考虑晶体结构及其畸变的影响。

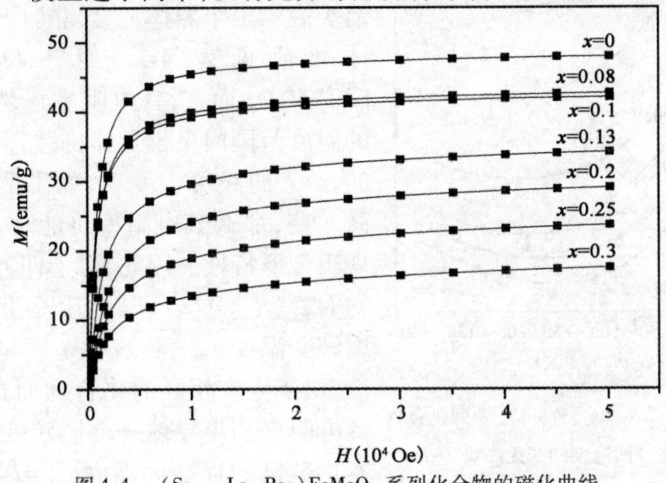

图 4-4 ($Sr_{2-3x}La_{2x}Ba_x$)$FeMoO_6$ 系列化合物的磁化曲线

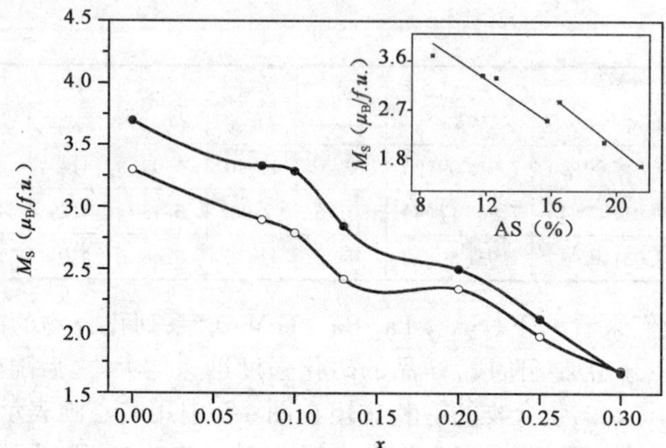

图 4-5 （$Sr_{2-3x}La_{2x}Ba_x$）$FeMoO_6$ 系列化合物的饱和磁矩随掺杂量的变化曲线

注：实心圆表示实验值，空心圆表示计算值。插图为饱和磁矩随反位缺陷浓度的变化曲线。

3. 电输运特性

由于制备条件的不同，双钙钛矿型氧化物 Sr_2FeMoO_6 的电阻率会呈现金属特性、半导体特性和绝缘体特性三种情况[23]。如图 4-6 所示，在（$Sr_{2-3x}La_{2x}Ba_x$）$FeMoO_6$ 系列化合物中，母体化合物 Sr_2FeMoO_6 的电阻率在测量的温度范围内呈半导体特性（$d\rho/dT<0$）；掺杂样品的电阻率在低温时呈半导体特性（$d\rho/dT<0$），而在高温时呈金属特性（$d\rho/dT>0$）。类似的现象在（$La_{1-x}Sr_x$）VO_3[24] 体系和 Sr_2（$Fe_{1-x}Cr_x$）MoO_6[25] 体系中也曾有过报道。为清楚起见，我们在化合物 $\rho-T$ 曲线的半导体—金属转变处作了切线，并用箭头表示出半导体—金属转变温度 T_{M-S}，具体数值见表 4-1。对于母体化合物 Sr_2FeMoO_6 而言，其电阻率虽然在 5～285K 的温度范围内呈半导体特性，但仔细观察它的 $\rho-T$ 曲线可以发现，如果测量温度再提高一些，那么其电阻率可能会有所上升，表现出金属特性。因此，对于四方相区的化合物而言（$x<0.2$），其电阻率和半导体—金属转变温度 T_{M-S} 随着掺杂含量的提高而降低，对于立方相区的化合物而言（$x\geqslant0.2$），其电阻率和半导体—金属转变温度 T_{M-S} 随着掺杂量的提高而增大。与居里温度的变

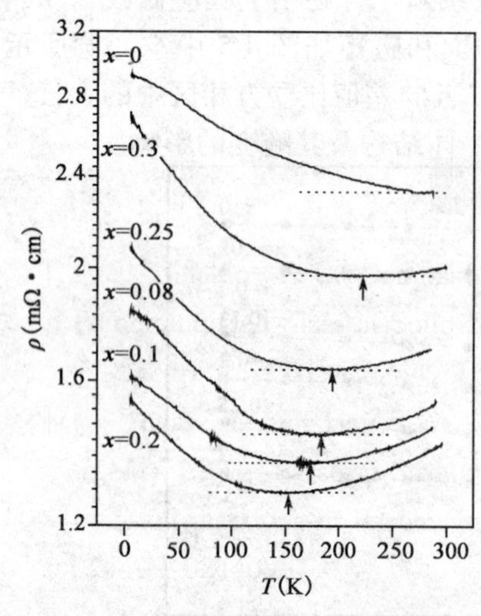

图 4-6 （$Sr_{2-3x}La_{2x}Ba_x$）$FeMoO_6$ 系列化合物的电阻率随温度的变化曲线

化类似，这主要是以下两方面原因造成的。首先，由于 La 掺杂提供的电子进入了金属性的 Mo4d 轨道，因此费米面处电子态密度增大，巡游载流子在 Fe^{3+}-O-Mo-O-Fe^{2+} 间的跃迁积分提高，从而化合物的电阻率降低，同时金属特性增强。第二，正如上一部分所分析的，化合物的带宽 W 随着掺杂含量的提高而减小，这在很大程度上限制了载流子运动，提高了化合物的电阻率，同时金属性降低，半导体特性增强。在低掺杂量时（$x<0.2$），能带填充影响起主要作用；而在掺杂量较高时（$x\geqslant0.2$），结构参数引起的带宽变化起主要作用。

4. 磁电阻效应

正是由于室温下高达 10% 的低场磁电阻效应的发现，双钙钛矿氧化物 Sr_2FeMoO_6 才成为人们的研究热点。研究发现，Sr_2FeMoO_6 中的 LFMR 起源于自旋极化载流子的晶界隧穿：当样品处在外磁场中时，在外磁场作用下各个独立磁畴的磁矩方向趋于一致，这时磁畴壁对自旋极化载流子的散射被极大地抑制，从而降低了多晶 Sr_2FeMoO_6 的电阻率，隧穿磁电阻效应也就随之产生。如图 4-7 所示，5K、5T 时母体化合物的磁阻约为 32%，随着掺杂含量的提高，化合物的磁阻明显降低，掺杂量 $x=0.3$ 的样品的磁阻仅为 8% 左右。这可以通过以下两方面来解释：首先，根据前面的研究结果，化合物的饱和磁矩随掺杂量的提高而降低，这时外磁场就不容易使磁畴磁矩方向趋于一致，因此载流子在晶界隧穿时受到的散射增大，磁阻降低；第二，根据 García-Hernández 等人[26] 的研究结果，反位缺陷的存在使 Sr_2FeMoO_6 中可能存在少量孤立分布的反铁磁性的 Fe-O-Fe 补丁，从而抑制了载流子的晶界隧穿，降低了化合物的磁阻效应。

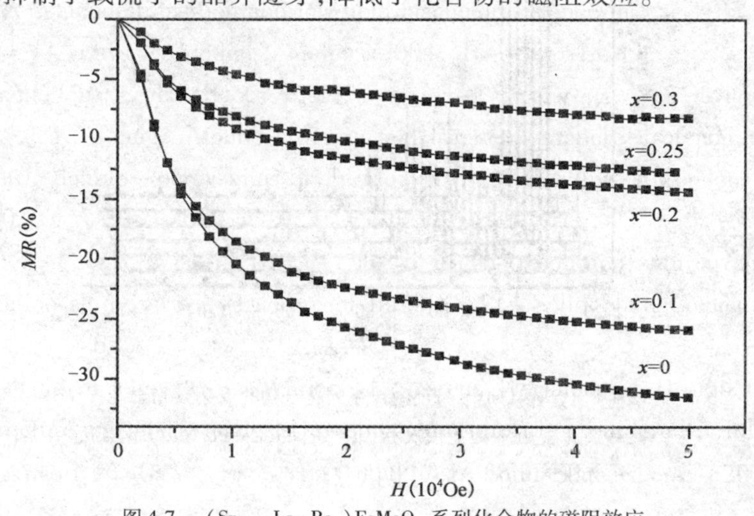

图 4-7 $(Sr_{2-3x}La_{2x}Ba_x)FeMoO_6$ 系列化合物的磁阻效应

二、$(Sr_{1.85}Ln_{0.15})FeMoO_6$ 化合物的结构与磁性

1. 晶体结构

X 射线衍射表明，所有$(Sr_{1.85}Ln_{0.15})FeMoO_6$ 化合物均为单相，属于四方晶格，空间群为 I4/m。图 4-8 给出了$(Sr_{1.85}Ln_{0.15})FeMoO_6$ 系列化合物的 X 射线衍射花样，可以看到由于 Fe、Mo 的有序排列，样品在 19°有一超结构衍射峰，而且掺杂样品的峰强比母体化合物的弱，这说明三价稀土离子的掺杂降低了 Sr_2FeMoO_6 氧化物的有序度。表 4-2 中列出了所有样品的晶格常数及单胞体积。我们知道，三价稀土的离子半径(La^{3+}:1.36Å，Ce^{3+}:1.34Å，Pr^{3+}:1.32Å，Nd^{3+}:1.27Å，Eu^{3+}:1.28Å，Sm^{3+}:1.24Å，$CN=12$)都比二价锶离子的半径小(Sr^{2+}:1.44Å，$CN=12$)，但出乎意料的是，掺杂后样品的单胞体积几乎没有发生变化。类似的现象在 Nd 掺杂的$(Sr_{2-x}Nd_x)FeMoO_6$ 系列化合物中也曾报道过[19]102，这可能是电子掺杂效应和尺寸因素两方面共同作用的结果。如前面所分析的，电子掺杂将会增大化合物的单胞体积，然而由于稀土离子的半径比锶离子的半径小，因此单纯从尺寸因素方面考虑的话，稀土掺杂将使化合物的单胞体积降低。正是因为这两种因素对化合物单胞体积的影响相互抵消，所以化合物的单胞体积才几乎不随掺杂离子半径的改变而改变。

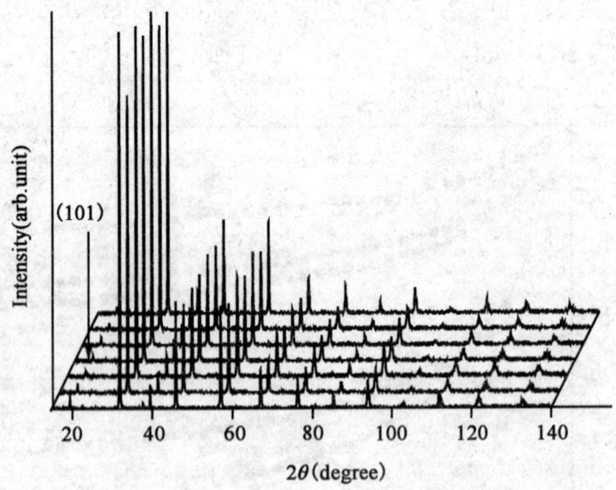

图 4-8　$(Sr_{1.85}Ln_{0.15})FeMoO_6$ 系列化合物的 X 射线衍射花样

注：掺杂元素由下到上依次为 Ln = Sr，La，Ce，Pr，Nd，Sm，Eu。箭头所示为(101)超结构衍射峰。

利用 Rietveld 结构精修程序和 X 射线衍射数据，我们精修了所有化合物的晶体结构，其中氧的温度因子按照 Chmaissem 等人[27]通过中子衍射确定的温度因子值给出并固定不修。考虑到温度因子和占有率具有很强的关联性，因此在最初几轮的精修中，我们把 Sr、Fe、Mo 的温度因子和其占有率分别独立精修，等二者基本稳定后再把背底、峰形参数、原子位置、温度因子、有序度等所有参数一起放开来修。如图 4-9 所示给出了$(Sr_{1.85}Nd_{0.15})FeMoO_6$ 的 X 射线衍射精修图，精修结果见表 4-2。与(101)超结构衍射峰的变化强度一致，三价稀土离子掺杂后，样品的有序度明显降低，这主要是由于电子掺杂所引起的。

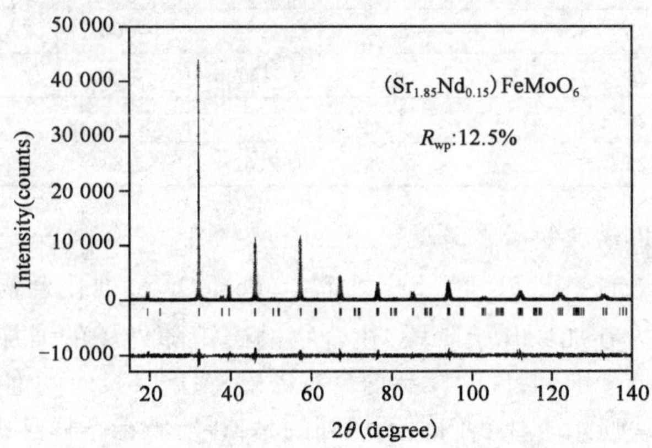

图 4-9 $(Sr_{1.85}Nd_{0.15})FeMoO_6$ 的 X 射线衍射精修图

$(Sr_{1.85}Ln_{0.15})FeMoO_6$ 系列化合物的晶胞参数、原子占位、有序度($\eta=1-AS$)、温度因子(B)、R 因子、居里温度及饱和磁矩 表 4-2

掺杂元素	Sr	La	Ce	Pr	Nd	Sm	Eu
a(Å)	5.570 4(1)	5.569 8(1)	5.570 4(1)	5.567 6(1)	5.567 9(1)	5.567 6(1)	5.569 5(1)
c(Å)	7.898 3(1)	7.901 7(1)	7.907 5(1)	7.904 0(2)	7.901 6(1)	7.901 4(2)	7.897 0(0)
c/a	1.418	1.420	1.419	1.420	1.419	1.418	1.418
V(Å^3)	245.07(1)	245.41(1)	245.36(1)	244.99(1)	244.96(1)	244.95(1)	244.96(1)
η(%)	86.85	85.72	77.59	77.73	81.89	79.11	80.86
O_1 $8h(xy0)$ x y	0.277 4(4) 0.222 6(4)	0.275 1(2) 0.224 9(2)	0.278 2(1) 0.221 8(1)	0.274 5(2) 0.225 4(2)	0.278 3(2) 0.221 7(2)	0.276 4(2) 0.223 5(2)	0.272 7(2) 0.227 2(2)

续上表

掺杂元素	Sr	La	Ce	Pr	Nd	Sm	Eu
O_2 4e(00z) z	0.2510(4)	0.2541(3)	0.259(1)	0.2540(4)	0.2609(4)	0.2607(5)	0.2566(4)
$B_{Sr/Ln}$(Å^2)	0.45(1)	0.44(1)	0.31(2)	0.56(1)	0.57(1)	0.39(1)	0.51(1)
B_{Fe}(Å^2)	0.22(1)	0.13(1)	0.12(1)	0.20(1)	0.26(1)	0.10(1)	0.13(1)
B_{Mo}(Å^2)	0.02(1)	0	0	0	0.03(1)	0	0
R_{wp}(%)	12.4	12.5	11.1	12.7	12.5	12.2	13.2
R_e(%)	6.73	7.16	6.14	7.12	7.00	6.01	7.31
T_C(K)	410	427	422	426	428	425	409
M_S(5K)	3.26	2.94	2.73	2.75	3.11	3.06	2.50
M_S(100K)	3.25	2.90	2.53	2.62	2.83	2.66	2.77

2. *饱和磁化强度和居里温度*

首先我们来看一下 5K 时($Sr_{1.85}Ln_{0.15}$)$FeMoO_6$ 系列化合物的磁化曲线，如图 4-10a)所示。在加场开始阶段，化合物的磁矩随外场的增加迅速增大，之后随磁场增大而趋于饱和，说明样品均具有铁磁特性。5K 时的饱和磁矩如图 4-10 插图中实心方块所示。让我们感到意外的是，在所有掺杂样品中，Sm 掺杂和 Nd 掺杂样品的饱和磁矩都比 La 掺杂样品的饱和磁矩高。根据亚铁磁(FIM)模型，Sr_2FeMoO_6 氧化物的饱和磁矩是与有序度成正比的，而 Sm 掺杂和 Nd 掺杂的样品的有序度要比 La 掺杂样品的有序度低得多，这与实验测量的饱和磁矩的变化是相反的。考虑到稀土在低温下具有磁矩，为消除稀土磁矩对化合物饱和磁矩的影响，我们在 100K 时测量了($Sr_{1.85}Ln_{0.15}$)$FeMoO_6$ 系列化合物的磁化曲线，如图 4-10b)所示，由此得到的化合物的饱和磁矩如图 4-10a)插图中的空心方块所示，由于 Ce 掺杂化合物的有序度较低，因此在所有掺杂样品中，Ce 掺杂化合物的饱和磁矩是最低的。与 5K 时的 M_S 相比较，100K 时，非磁性的 Sr 和 La 掺杂化合物的饱和磁矩只降低了一点，而 Ce、Pr、Nd 和 Sm 掺杂的化合物的饱和磁矩却大幅度下降。我们认为这主要是因为，低温 5K 时 Ce、Pr、Nd 和 Sm 的磁矩与 Fe 的磁矩平行排列，而在高温(100K)下，稀土磁矩的长程有序排列被破坏，稀土磁矩对化合物饱和磁矩的贡献消失，因此化合物的饱和磁矩大大降低。但 Eu 掺杂的化合物却与此相反，其 100K 时的饱和磁矩要比 5K 时的高。由于 Eu^{3+} 离子的第一激发态和基态间的能量差别很小，因此 Eu^{3+} 离子在低温时常处于激发态。考虑到这一点，我们认为 Eu^{3+} 离子在 5K 时的磁矩排列可能是与 Fe 反平行的，与其他稀土一样，100K 时 Eu 磁矩对化合物饱和磁矩的贡献消失，因此$(Sr_{1.85}Eu_{0.15})FeMoO_6$ 化合物的饱和磁矩被提高。如图 4-10b）插图所示，100K 时掺杂样品的饱和磁矩随反位缺陷的增加而线性降低，这也充分说明，此时稀土磁矩对$(Sr_{1.85}Ln_{0.15})FeMoO_6$ 化合物饱和磁矩的影响消失，反位缺陷是化合物磁矩降低的主要原因。

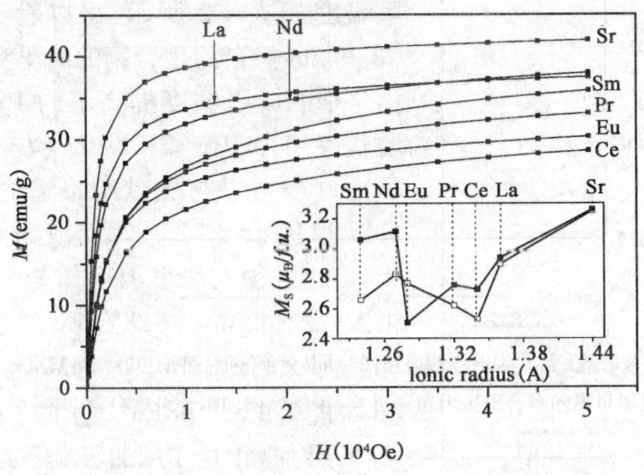

a) 5K下$(Sr_{1.85}Ln_{0.15})FeMoO_6$系列化合物的磁化曲线

注：插图为饱和磁矩随掺杂离子半径的变化曲线，实心方块和空心方块分别表示5K和100K时的饱和磁矩。

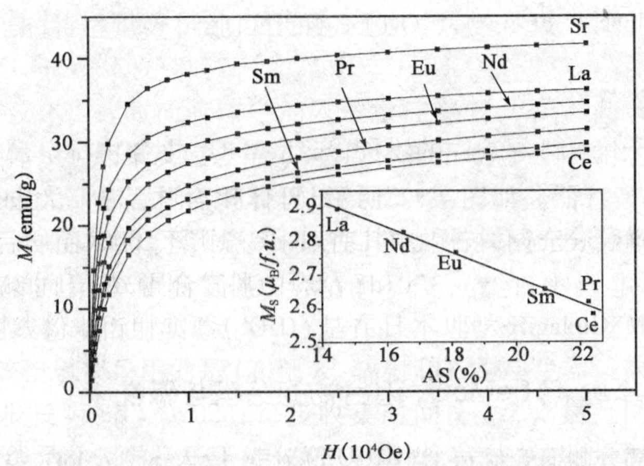

b) 100K时$(Sr_{1.85}Ln_{0.15})FeMoO_6$系列化合物的磁化曲线

注：插图为100K掺杂样品的饱和磁矩随反位缺陷的变化关系。

图 4-10　$(Sr_{1.85}Ln_{0.15})FeMoO_6$ 系列化合物的磁化曲线

如前所述，由于掺杂电子选择性地进入 Mot_{2g} 轨道，Sr_2FeMoO_6 化合物的费米面处电子态密度被提高，Fe、Mo 间的磁相互作用被加强，因此化合物的居里温度被提高。图 4-11 给出了($Sr_{1.85}Ln_{0.15}$)$FeMoO_6$ 系列化合物的热磁曲线，为清楚起见，我们将所有化合物的磁化强度都进行了归一化并适当提高了每条曲线以间隔开来。由此得到的化合物的居里温度如表 4-2 所示，可以看到 La、Ce、Pr、Nd 和 Sm 掺杂的化合物的居里温度都比母体化合物的居里温度提高了约 15K，居里温度增长率 $dT_C/dx \approx 2K/\%\ Ln$（$Ln$ 代表稀土原子），这个结果与文献所报道的 1.6K/% Nd 可以相比拟[19]1042。然而，($Sr_{1.85}Eu_{0.15}$) $FeMoO_6$ 化合物的居里温度却与母体化合物的相当，没有提高。考虑到 Eu 的常见价态是 +2 价，那么($Sr_{1.85}Eu_{0.15}$)$FeMoO_6$ 化合物中的 Eu 可能是 Eu^{2+} 和 Eu^{3+} 的混合价态，因此电子掺杂对磁相互作用的影响不足以提高化合物的居里温度。但图 4-10b）插图所示的 Eu 掺杂化合物的磁矩能很好地满足 M_S 与 AS 的线性关系。所以对 Eu 掺杂的化合物还需进一步研究。

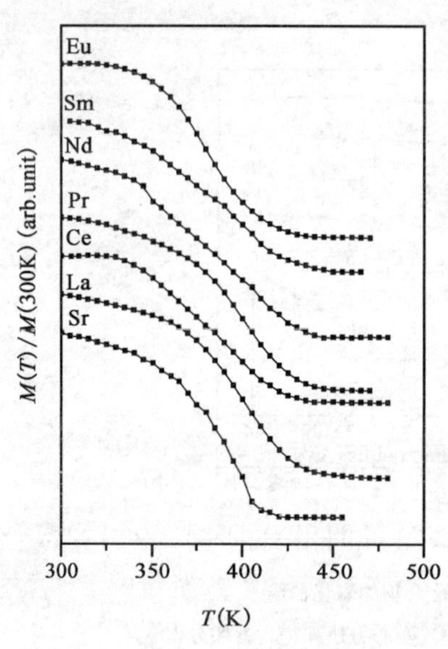

图 4-11 ($Sr_{1.85}Ln_{0.15}$)$FeMoO_6$ 系列化合物的热磁曲线

3. 电输运性质

如前所述，由于制备条件的不同，Sr_2FeMoO_6 化合物将呈现金属性、绝缘性和半导体性等特征。如图 4-12 所示，母体化合物及 La 和 Sm 掺杂化合物的电阻率在低温呈半导体特性，在高温时呈金属特性。而 Ce、Pr、Nd 及 Eu 掺杂化合物的电阻率在 5～300K 的整个温度测量范围内都呈现半导体特性。

三、($Sr_{1.85}Eu_{0.15}$)$FeMoO_6$ 化合物的结构与磁性

根据上一部分的研究结果，当稀土元素 Eu 掺入 Sr_2FeMoO_6 化合物后，化合物的电磁特性与其他轻稀土掺杂结果相比差异很大。接下来，我们从晶体结构及电磁特性的角度，系统研究了($Sr_{1.85}Eu_{0.15}$)$FeMoO_6$ 化合物的结构与磁性。

1. 晶体结构

图 4-13 给出了$(Sr_{2-x}Eu_x)FeMoO_6(0\leqslant x\leqslant 0.3)$化合物的 X 射线衍射谱，所有化合物均为单相。由于 Fe、Mo 原子在 B、B'位的有序排列，化合物出现了(101)（四方晶系）和(111)（立方晶系）超结构衍射峰。然而，超结构衍射峰的强度随掺杂量的提高而降低，说明 Eu 掺杂破坏了 Fe/Mo 有序排列。化合物的反位缺陷浓度是由结构精修得到的。

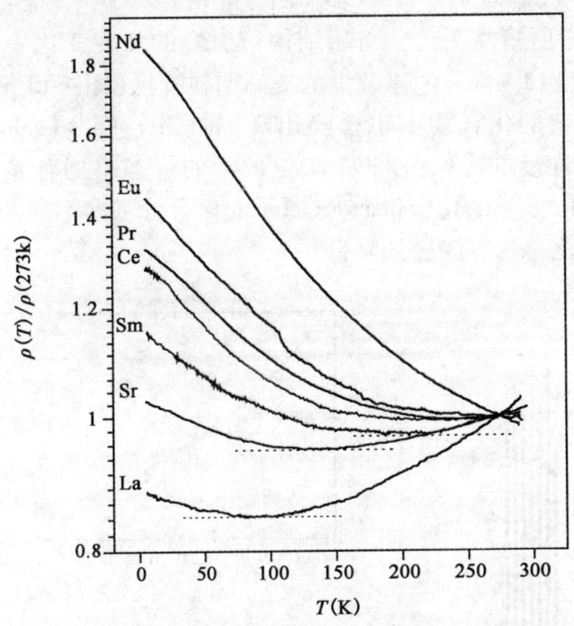

图 4-12　$(Sr_{1.85}Ln_{0.15})FeMoO_6$ 系列化合物的归一化电阻率随温度的变化曲线

注：虚线为显现半导体—金属转变。

我们首先根据 I4/m 晶格精修了化合物的晶体结构，然而该结构只适合母体及 $x=0.05$ 的样品。当 $x\geqslant 0.1$ 时，化合物高角度衍射峰消失，说明四方晶格不适合掺杂量大于 0.1 的化合物。例如，四方晶格的(116)(332)(420)三个衍射峰在立方晶格里的重合为一个衍射峰。因此，对于 $x\geqslant 0.1$ 的化合物我们使用了对称性更高的立方晶格 $Fm\bar{3}m$。这种结构转变可能是由于阳离子尺寸改变引起的，这种情况在钙钛矿及双钙钛矿化合物中都曾经出现过。结构精修结果如表 4-3 所示，不管是四方晶格还是立方晶格，化合物的单胞体积均随掺杂含量的提高而降低。一方面，如中子衍射、核磁共振及穆斯堡尔谱所证实的，掺杂电子选择性地占据 Mo 位，是 Mo 原子的化合价从 Mo^{5+}（0.61Å）降低至 Mo^{4+}

(0.65Å),然而 Eu^{3+} 的离子尺寸比 Sr^{2+} 的离子尺寸要小得多(Eu^{3+}:1.28Å,Sr^{2+}:1.44Å),因此化合物的单胞体积随掺杂量的提高略有降低。另一方面,正如文献所报道的,掺杂电子选择性地进入自旋向下的 Mot_{2g} 轨道,这将增大费米面处的电子态密度。这些电子将会改变化合物键长,因此化合物的单胞体积应随电子掺杂而增大。对于 $(Sr_{2-x}Eu_x)FeMoO_6$ 化合物来说,尺寸效应比电子掺杂的影响略占优势,因此化合物的单胞体积随掺杂量的提高而减小。作为示例,图 4-14a)、b)给出了 $(Sr_{1.95}Eu_{0.05})FeMoO_6$(四方晶格)及 $(Sr_{1.75}Eu_{0.25})FeMoO_6$(立方晶格)的 X 射线衍射精修图谱。与超结构衍射峰的强度变化一致,精修结果显示化合物的有序度(1 - AS)随掺杂量的提高明显降低(图 4-13 插图),类似的现象在其他电子掺杂的化合物中也曾经出现,如 $(Sr_{2-x}La_x)FeMoO_6$、$(Sr_{2-x}Nd_x)FeMoO_6$ 体系。有序度的降低是与 B、B' 位离子的价态差别有关的。如上所述,Eu 掺杂降低了 Mo 原子的化合价而 Fe 原子的化合价基本不变,因此二者价态差别的减小导致了化合物有序度的降低。

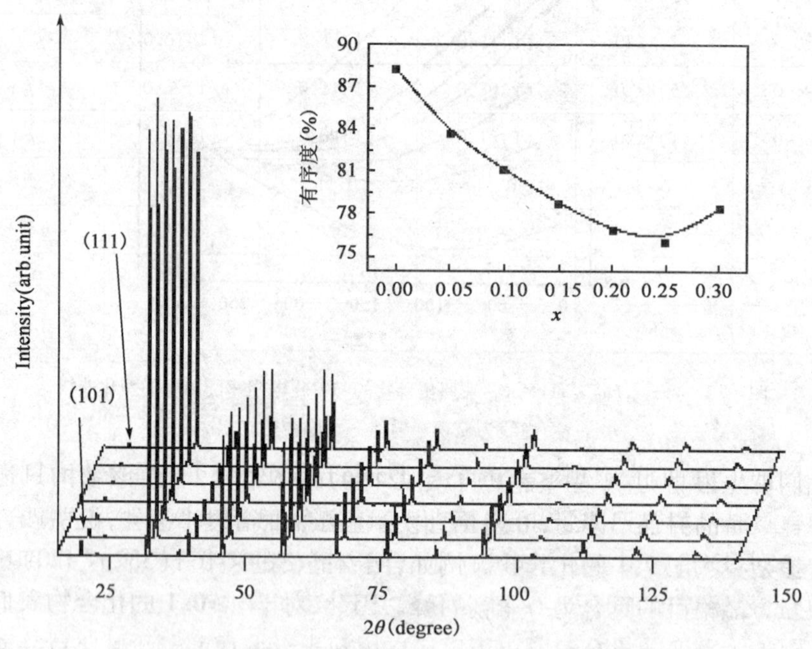

图 4-13 $(Sr_{2-x}Eu_x)FeMoO_6$ 化合物的 X 射线衍射谱

注:从下到上依次为:x = 0, 0.05, 0.1, 0.15, 0.2, 0.25, 0.3。箭头表示超结构衍射峰。插图为 B 位有序度随掺杂含量的变化关系。

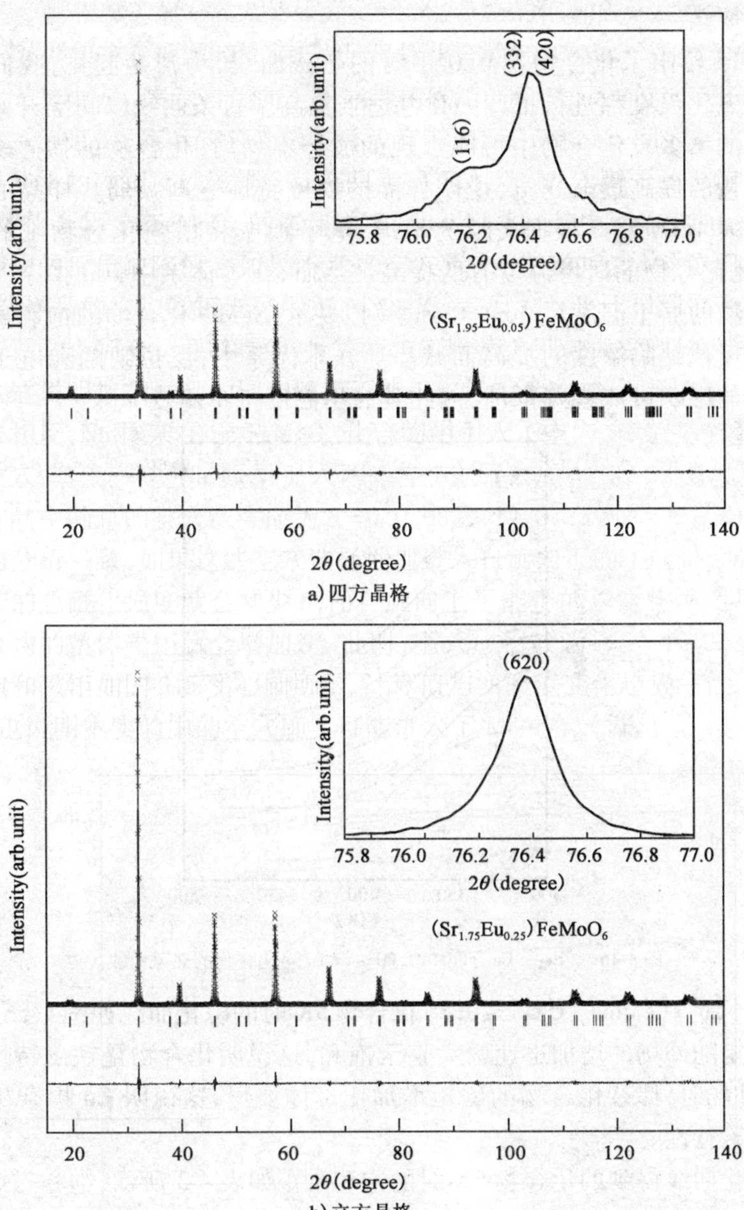

a)四方晶格

b)立方晶格

图 4-14 $(Sr_{1.95}Eu_{0.05})FeMoO_6$(四方晶格，a)及$(Sr_{1.75}Eu_{0.25})FeMoO_6$(立方晶格，b)的 X 射线衍射精修图谱

注：插图为化合物 76°附近的衍射图放大图。

2. 磁特性

图4-15给出了化合物在0.05T时的热磁曲线,为清楚起见,我们将所有化合物的磁化强度都进行了归一化并适当提高了每条曲线以间隔开来。由于反位缺陷的增多及化合物中可能出现的成分不均匀,化合物的铁磁—顺磁转变随掺杂量的提高逐渐变宽,说明样品的铁磁特性逐渐减弱。样品的居里温度数据如表4-3所示。根据文献的报道,电子掺杂将增强化合物中的磁相互作用,因此化合物的居里温度有所提高。然而,在本体系中,Eu掺杂基本没有改变化合物的居里温度。Mont Carlo模拟显示,SFMO化合物的饱和磁矩及居里温度随反位缺陷浓度的提高而减小。在本体系中,反位缺陷和电子掺杂对居里温度的影响可能刚好抵消,因此其居里温度基本不变。

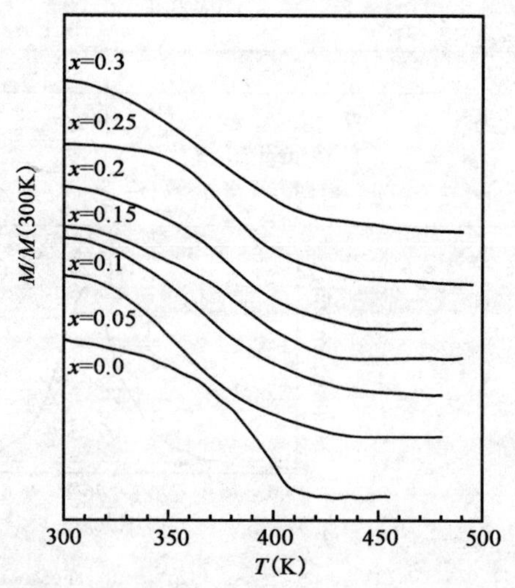

图4-15 $(Sr_{2-x}Eu_x)FeMoO_6(0\leqslant x\leqslant 0.3)$化合物的热磁曲线。

$(Sr_{2-x}Eu_x)FeMoO_6(0\leqslant x\leqslant 0.3)$化合物5K时的磁化曲线如图4-16所示,化合物的磁矩随外场的增加迅速增大直至饱和,这说明化合物是铁磁特性的。然而,增大外场时,掺杂化合物的磁矩增加比母体要慢,这说明Eu掺杂破坏了化合物的铁磁特性。

由磁化曲线得到的化合物5K时的饱和磁矩如表4-3所示,饱和磁矩随掺杂量的提高迅速降低。根据上一部分的研究结果,低温下稀土离子的磁矩形成长程有序并对$(Sr_{2-x}Eu_x)FeMoO_6$的饱和磁矩有贡献。为进一步理解化合物的饱和磁矩与有序度的关系,我们应该消除稀土磁矩的贡献。因此我们测量了$(Sr_{2-x}Eu_x)FeMoO_6$化合物100K时的磁化曲线,饱和磁矩结果如表4-3所示。

如图 4-17 插图所示,100K 时化合物的饱和磁矩与反位缺陷浓度呈线性关系,符合亚铁磁模型($M_S = 4 - 8y$),说明此时稀土磁矩的长程有序坍塌,化合物的饱和磁矩是由 Fe^{3+} 及 Mo^{5+} 离子贡献的。5K、100K 化合物的饱和磁矩如图 4-17 所示,当掺杂量 $x \leqslant 0.15$ 时,5K、100K 时化合物的饱和磁矩基本相等。而当 $x \geqslant 0.15$时,化合物 100K 时的饱和磁矩明显比 5K 时的饱和磁矩大。该现象可做如下解释:假设 Eu^{3+} 磁矩与 Fe^{3+} 磁矩反平行排列,那么一旦稀土磁矩坍塌,$(Sr_{2-x}Eu_x)FeMoO_6$ 的饱和磁矩将增大。在本体系中,稀土磁矩对$(Sr_{2-x}Eu_x)FeMoO_6$ 的饱和磁矩有较大贡献的阈值 x 约为 0.15。

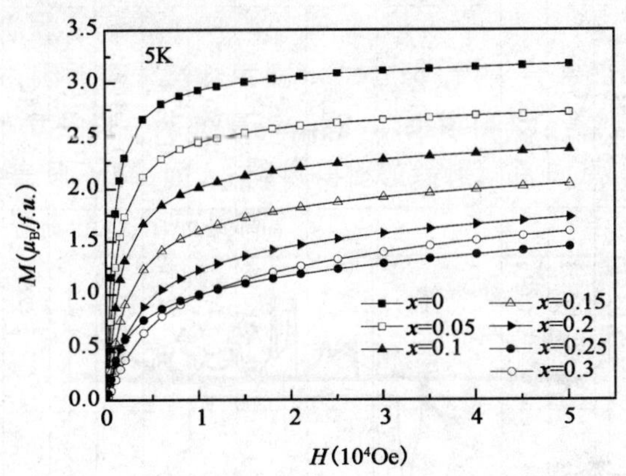

图 4-16　$(Sr_{2-x}Eu_x)FeMoO_6$ 化合物 5K 时的磁化曲线

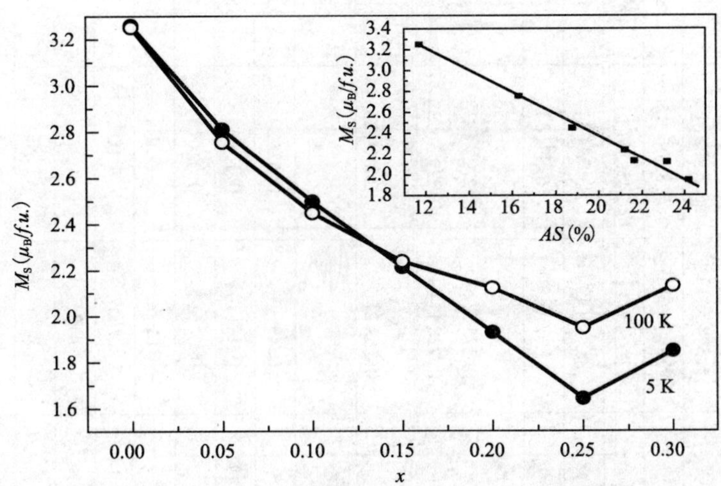

图 4-17　$(Sr_{2-x}Eu_x)FeMoO_6$ 化合物 5K 及 100K 时的饱和磁矩

注:插图为 100K 时化合物的饱和磁矩随反位缺陷的变化关系。

表 4-3 $(Sr_{2-x}Eu_x)FeMoO_6$ 化合物的晶格常数、B 位有序度、温度因子、居里温度及饱和磁矩

空间群	$x=0$ I4/m	$x=0.05$ I4/m	$x=0.1$ $Fm\bar{3}m$	$x=0.15$ $Fm\bar{3}m$	$x=0.2$ $Fm\bar{3}m$	$x=0.25$ $Fm\bar{3}m$	$x=0.3$ $Fm\bar{3}m$
a(Å)	5.574 5(1)	5.573 5(1)	7.885 3(1)	7.883 4(1)	7.882 6(1)	7.881 9(1)	7.882 2(1)
c(Å)	7.898 6(1)	7.897 6(1)	7.885 3(1)	7.883 4(1)	7.882 6(1)	7.881 9(1)	7.882 2(1)
V(Å^3)	245.45(1)	245.33(1)	490.31(1)	489.95(1)	489.78(1)	489.67(1)	489.73(1)
η(%)	88.31(1)	83.61(3)	81.22(2)	78.80(3)	76.91(1)	76.30(1)	78.42(1)
AS(%)	11.69(1)	16.39(3)	18.78(2)	21.20(3)	23.09(1)	23.70(1)	21.58(1)
$O_1 8h(xy0)$							
x	0.275 2(6)	0.272 4(21)	—	—	—	—	—
y	0.228 1(4)	0.229 3(13)	—	—	—	—	—
$O_2 4e(00z)$							
z	0.258 2(8)	0.260 7(25)	—	—	—	—	—
$O_1 24e(x00)$							
x	—	—	0.252 2(4)	0.251 7(4)	0.251 2(1)	0.251 2(1)	0.250 7(1)
$B_{Sr/Eu}$(Å^2)	0.49(1)	0.57(2)	0.58(2)	0.57(2)	0.58(1)	0.54(1)	0.55(1)
B_{Fe}(Å^2)	0.13(1)	0.13(4)	0.22(4)	0.28(1)	0.31(1)	0.28(1)	0.24(1)
B_{Mo}(Å^2)	0.04(1)	0.02(1)	0.001(1)	0.004(3)	0.003(2)	0.003(2)	0.000 7(5)
R_{wp}(%)	12.6	13.1	13.4	13.4	13.3	13.4	12.4
R_e(%)	7.07	7.00	7.22	7.29	7.51	7.72	7.64
T_C(K)	412	397	408	416	414	410	416
M_S5K($\mu_B/f.u.$)	3.26	2.81	2.49	2.21	1.92	1.64	1.85
M_S100K($\mu_B/f.u.$)	3.25	2.75	2.45	2.24	2.12	1.95	2.13

注：$x \leqslant 0.5$ 的化合物属于四方晶格，Sr/Eu 占据 $4d(1/2\ 0\ 1/4)$，Fe 占据 $2a(0\ 0\ 0)$，Mo 占据 $2b(0\ 0\ 1/2)$。$x \geqslant 0.1$ 的化合物属于立方晶格，Sr/Eu 占据 $8c(1/4\ 1/4\ 1/4)$，Fe 占据 $4a(0\ 0\ 0)$，Mo 占据 $4b(1/2\ 1/2\ 1/2)$。

为进一步确认 Eu^{3+} 离子磁矩在化合物中的排列方向，我们测量了($Sr_{1.8}Eu_{0.2}$)$FeMoO_6$ 及($Sr_{1.8}Nd_{0.2}$)$FeMoO_6$ 化合物在 5K、10K、20K、30K、40K、50K、60K、70K、80K、90K、100K、150K、200K 及 300K 时的磁化曲线。作为示例，图 4-18a)、b)给出了 5K、60K、100K、200K 及 300K 时的磁化曲线，不同温度下($Sr_{1.8}Eu_{0.2}$)$FeMoO_6$ 化合物的饱和磁矩如图 4-19 实心圆所示。

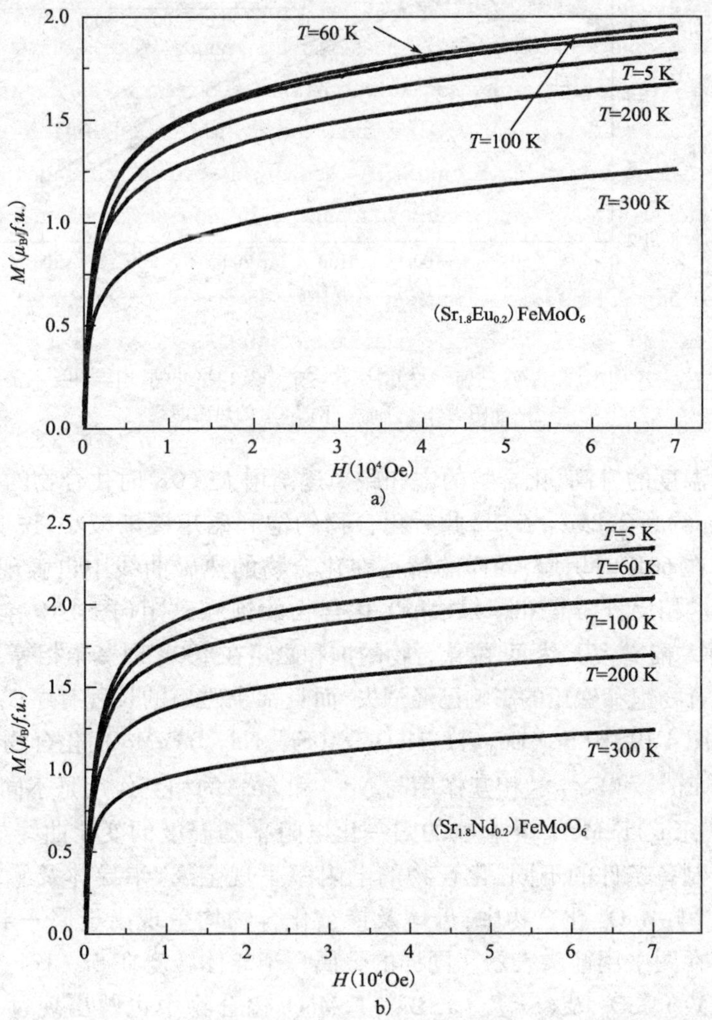

图 4-18 ($Sr_{1.8}Eu_{0.2}$)$FeMoO_6$ 及($Sr_{1.8}Nd_{0.2}$)$FeMoO_6$ 化合物 5K、60K、100K、200K 及 300K 时的磁化曲线

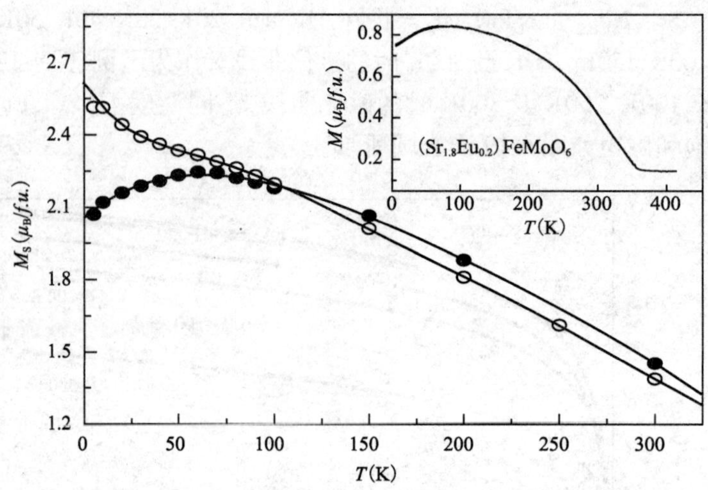

图 4-19　$(Sr_{1.8}Eu_{0.2})FeMoO_6$ 及 $(Sr_{1.8}Nd_{0.2})FeMoO_6$ 化合物的

注:插图为 $(Sr_{1.8}Eu_{0.2})FeMoO_6$ 的热磁曲线。

随着温度的升高,化合物的饱和磁矩逐渐增大,60K 时化合物的饱和磁矩增大至最大,约为 $2.25\mu_B/f.u.$,此后化合物的饱和磁矩逐渐减小,说明 Eu^{3+} 离子磁矩大约在 60K 时坍塌,同样的特征在化合物的热磁曲线中也表现出来(图 4-19 插图)。相反,$(Sr_{1.8}Nd_{0.2})FeMoO_6$ 化合物的饱和磁矩(图 4-19 空心圆)在低于 30K 时大幅增大。然而,两化合物的饱和磁矩在 100K 时基本相等,这说明稀土磁矩对化合物饱和磁矩的影响已经消失,而且稀土磁矩的长程有序仅出现在低温情况下。图 4-19 中 $(Sr_{1.8}Eu_{0.2})FeMoO_6$ 及 $(Sr_{1.8}Nd_{0.2})FeMoO_6$ 化合物饱和磁矩的比较说明 Eu^{3+} 和 Fe^{3+} 的相互作用与 Nd^{3+} 和 Fe^{3+} 的相互作用是不同的。

$(Sr_{2-x}Eu_x)FeMoO_6$ 化合物的归一化电阻率随温度的变化曲线如图 4-20 所示。随着制备条件的不同,化合物的电阻率呈现金属、半导体及绝缘特性。在 $(Sr_{2-x}Eu_x)FeMoO_6$ 化合物中,母体及掺杂化合物均呈现出金属—半导体转变,转变温度在图中用箭头表示。同样的金属—半导体转变在 $Sr_2(Fe_{1-x}Cr_x)MoO_6$、$Sr_2(Fe_{1-x}V_x)MoO_6$ 及 $(Sr_{2-3x}La_{2x}Ba_x)FeMoO_6$ 化合物中也曾出现过。在本工作中,化合物的电阻率及金属—半导体转变温度均随掺杂含量的提高而增大,这仿佛与增大的反位缺陷浓度有关,因为反位缺陷的存在增大了载流子的晶界隧穿散射。

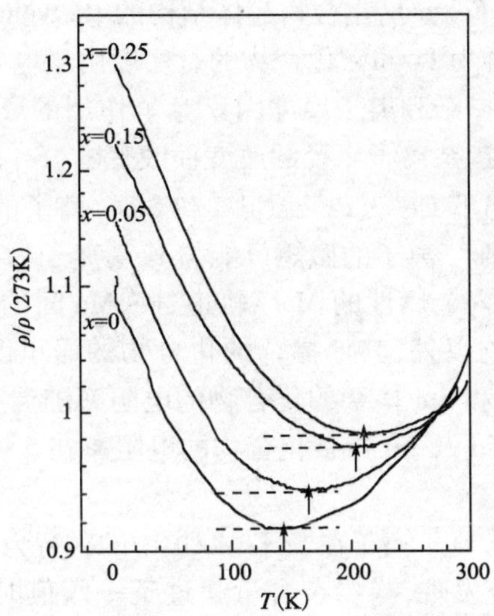

图 4-20　$(Sr_{2-x}Eu_x)FeMoO_6$ 化合物的归一化电阻率随温度的变化曲线

注：虚线表示金属—半导体转变，转变温度用箭头表示。

第四节　本章小结

本章利用 X 射线衍射、电测量、磁测量等手段系统研究了稀土掺杂的 $(Sr_{2-3x}La_{2x}Ba_x)FeMoO_6$ $(0 \leqslant x \leqslant 0.3)$、$(Sr_{1.85}Ln_{0.15})FeMoO_6$ (Ln = Sr、La、Ce、Pr、Nd、Sm 和 Eu)和 $(Sr_{2-x}Eu_x)FeMoO_6$ 固溶体的晶体结构、电输运特性、磁特性及磁阻效应。主要结论如下：

(1) X 射线衍射表明，所有 $(Sr_{2-3x}La_{2x}Ba_x)FeMoO_6$ 化合物均为单相，随着掺杂量的提高化合物在 $x=0.2$ 处有一结构转变，$0 \leqslant x < 0.2$ 的化合物属于四方晶系 I4/m，$0.2 \leqslant x \leqslant 0.3$ 的样品属于立方晶系 $Fm\bar{3}m$。Rierveld 结构精修表明，化合物的晶格常数和单胞体积由于电子掺杂而被提高，有序度随掺杂量的提高明显著降低，因此化合物的饱和磁矩和磁电阻效应也被明显降低。热磁测量表明，由于电子掺杂和尺寸因素竞争作用的影响，化合物的居里温度基本不随掺杂量的提高而改变。电测量表明，母体化合物的电阻率在测量温度范围内呈半导体特性，而掺杂样品的电阻率随温度的升高有一半导体—金属转变。四方相区 $(x < 0.2)$ 内化合物的电阻率及半导体—金属转变温度 T_{M-S} 随掺杂量的提高而降低，而立方相区 $(x \geqslant 0.2)$ 内化合物的电阻率及 T_{M-S} 随掺杂量的提高而增大。

(2)$(Sr_{1.85}Ln_{0.15})FeMoO_6$ 化合物晶体结构的 Rietveld 精修表明，所有样品都属于四方晶格，空间群为 I4/m。化合物的有序度由于电子掺杂随掺杂量的提高明显降低。由于电子掺杂和离子尺寸因素竞争作用的影响，化合物的晶格常数和单胞体积基本不随掺杂离子半径的改变而改变。$(Sr_{1.85}Ln_{0.15})FeMoO_6$ 化合物的磁矩研究表明，低温下 Ce^{3+}、Pr^{3+}、Nd^{3+} 和 Sm^{3+} 离子的磁矩与 Fe^{3+} 离子的磁矩可能平行排列，而 Eu^{3+} 离子的磁矩可能与 Fe^{3+} 离子的磁矩反平行排列。由于掺杂电子选择性地进入金属性的 Mot_{2g} 轨道，Fe、Mo 间的磁相互作用被加强，因此除 Eu 掺杂的化合物以外，其他掺杂的化合物的居里温度被提高。电测量表明，母体化合物及 La 和 Sm 掺杂的化合物的电阻率随温度的升高有一半导体—金属转变，而 Ce、Pr、Nd 及 Eu 掺杂化合物的电阻率在 5 ~ 300K 的温度测量范围内都呈现半导体特性。

(3)为了系统研究 Eu^{3+} 离子在 Sr_2FeMoO_6 中的磁行为，我们制备了$(Sr_{2-x}Eu_x)FeMoO_6$ 化合物。研究发现，当掺杂含量超过某一阈值时，化合物 5K 时的饱和磁矩明显比 100K 时的小，这说明低温下 Eu^{3+} 离子的长程有序磁矩可能确实与 Fe^{3+} 离子的磁矩反平行排列。不同温度下化合物的磁化曲线测量也支持上述观点。本工作中，Eu^{3+} 离子的阈值含量为 $x = 0.15$。从磁相互作用的角度看，在结构畸变和电子掺杂共同作用下，化合物的居里温度基本保持不变。输运特性测量发现，$(Sr_{2-x}Eu_x)FeMoO_6$ 系列化合物均出现半导体—金属转变，由于反位缺陷增强了载流子的晶界散射，因此化合物的半导体特性随掺杂含量的提高而增强，同时半导体—金属转变温度也相应提高。

本章参考文献

[1] F. S. Galasso, F. C. Douglas, R. J. Kasper. Relation Between Magnetic Curie Points and Cell Sizes of Solid Solutions with the Ordered Perovskites Structue", *J. Chem. Phys*, 1966, 44: 1672-1674.

[2] M. Tovar , M. T. Causa, A. Butera, J. Navarro, B. Martínez, J. Fontcuberta, M. C. G. Passeggi Strong antiferromagnetic coupling between localized and itinerant electrons in ferromagnetic Sr_2FeMoO_6[J]. Phys. Rev. B, 2002, 66: 024409-0244095.

[3] D. Serrate, J. M. De Teresa, J. Blasco, M. R. Ibarra, L. Morellón, C. Ritter. Increase of Curie temperatue in fixed ionic radius $Ba_{1+x}Sr_{1-3x}La_{2x}FeMoO_6$ double perovskites[J]. Eur. Phys. J. B, 2004, 39: 35-40.

[4] J. Navarro, J. Nogués, J. S. Muñoz, J. Fontcuberta. Antisites and electron – doping effects on the magnetic transition of Sr_2FeMoO_6 double perovskites[J]. Phys. Rev. B, 2003, 67: 174416-6

[5] J. Navarro, C. Frontera, Ll. Balcells, B. Martínez, J. Fontcuberta. Raising the Curie temperature in Sr_2FeMoO_6 double perovskites by electron doping[J]. Phys. Rev. B, 2001, 64: 092411-092414.

[6] D. Serrate, J. M. De Teresa, J. Blasco, M. R. Ibarra, L. Morellón, C. Ritter. Large low-field magnetoresistance and T_C in polycrystalline $(Ba_{0.8}Sr_{0.2})_{2-x}La_xFeMoO_6$ double perovskites[J]. Appl. Phys. Lett,2002, 80: 4573-4575.

[7] S. Colis, D. Stoeffler, C. Mény, T. Fix, C. Leuvrey, G. Pourroy, A. Dinia, P. Panissod. Structural defects in Sr_2FeMoO_6 double perovskite: Experimental versus theoretical approach[J]. J. Appl. Phys., 2005, 98: 033905-11.

[8] D. Stoeffler, S. Colis. Oxygen vacancies or/and antisite imperfections in Sr_2FeMoO_6 double perovskites: an ab initio investigation[J]. J. Phys: Condens. Matter., 2005, 17: 6415-6424.

[9] C. Ritter, M. R. Ibarra, L. Morellon, J. Blasco, J. García, J. M. De Teresa. Structural and magnetic properties of double perovskites $AA'FeMoO_6$ ($AA' = Ba_2$, BaSr, Sr_2 and Ca_2)[J]. J. Phys.: Condens. Matter, 2000, 12: 8295-8308.

[10] X. M. Feng, G. H. Rao, G. Y. Liu, W. F. Liu, Z. W. Ouyang, J. K. Liang. Valence transition and low field magnetoresistance in $(Sr_{2-x}Ba_x)FeMoO_6$ [J]. J. Phys.: Condens. Matter, 2004, 16: 1813-1821.

[11] G. Y. Liu, G. H. Rao, X. M. Feng, H. F. Yang, Z. W. Ouyang, W. F. Liu, J. K. Liang. Atomic ordering and magnetic properties of non – stoichiometric double – perovskites $Sr_2Fe_xMo_{2-x}O_6$[J]. J. Phys.: Condens. Matter, 2003, 15: 2053-2060.

[12] W. T. Fu, D. Visser, D. J. W. IJdo. High – resolution neutron powder diffraction study on the structure of $BaPbO_3$[J]. Solid State Commu., 2005, 134: 647-652.

[13] V. Ting, Y. Liu, R. L. Withers, L. Norén, M. James ,J. D. Fitz Gerald. A Structure and phase analysis investigation of the "1:1" ordered A_2InNbO_6 perovskites ($A = Ca^{2+}$, Sr^{2+}, Ba^{2+})[J]. J. Solid State Chem., 2006, 179: 551-562.

[14] P. G. Radaelli, G. Iannone, M. Marezio, H. Y. Hwang, S. W. Cheong, J. D. Jorgensen, D. N. Argyriou. Structure effects on the magnetic and transport properties of perovskite $A_{1-x}A_x'MnO_3$ (x = 0.25, 0.3) [J]. Phys. Rev., B, 1997, 56: 8265-8276.

[15] J. Navarro, J. Fontcuberta, M. Izquierdo, J. Avila, M. C. Asensio. Curie – temperature enhancement of electron – doped Sr_2FeMoO_6 perovskite studied by photoemission spectroscopy[J]. Phys. Rev. B, 2004, 69:115101-6.

[16] M. R. Ibarra, J. M. De Teresa. Magnetotransport and magnetoelastic effects in manganese – oxide perovskite[M]. Singapore: World Scientific Co Singapore press, 1998: 83.

[17] M. Wojcik, E. Jedryka, S. Nadolski, J. Navarro, D. Rubi ,J. Fontcuberta. NMR evidence for selective enhancement of Mo magnetic moment by electron doping in $Sr_{2-x}La_xFeMoO_6$[J]. Phys. Rev. ,B 2004 ,69: 1004071-1004074.

[18] J. Lindén, T. Shimada, T. Motohashi, H. Yamauchi ,M. Karppinen. Iron and Molybdenum valence in double – perovskite $(Sr, Nd)_2FeMoO_6$: electron – doping effects[J]. Solid State Commun, 2004, 129: 129-133

[19] D. Rubi, C. Frontera, J. Nogués, J. Fontcuberta. Enhanced ferromagnetic interactions in electron doped $Nd_xSr_{2-x}FeMoO_6$ double perovskites [J]. J. Phys.: Condens. Matter, 2004, 16: 3173-3182.

[20] J. L. García – Muñoz, J. Fontcuberta, M. Suaaidi, X. Obradors. Band narrowing in bulk $L_{2/3}A_{1/3}MnO_3$ magnetoresistive oxides[J]. J. Phys.: Condens. Matter, 1996, 8: L787-L793.

[21] H.Y. Hwang, S.W. Cheong, P. G. Radelli, M. Marezio, B. Batlogg. Lattice effects on the magnetoresistance in doped $LaMnO_3$ [J]. Phys. Rev. Lett., 1995, 75: 914-917.

[22] A. S. Ogale, S. B. Ogale, R. Ramesh, T. Venkatesan. Octahedral cation site disorder effects on magnetization in double – perovskite Sr_2FeMoO_6: Monte Carlo simulation study[J]. Appl. Phys. Lett., 1999, 75: 537-539.

[23] M. Itoh, I. Ohta, Y. Inaguma. Valency pair and properties of 1:1 ordered perovskite – type compounds Sr_2MMoO_6 (M = Mn, Fe, Co) [J]. Mater. Sci. Eng, B, 1996, 41: 55-58.

[24] F. Inaba, T. Arima, T. Ishikawa, T. Katsufuji, Y. Tokura. Change of electronic properties on the doping – induced insulator – metal transition in La_{1-x}

Sr_xVO_3[J]. Phys. Rev. B, 1995, 52: R2221-R2224.

[25] X. M. Feng, G. H. Rao, G. Y. Liu, H. F. Yang, W. F. Liu, Z. W. Ouyang, J. K. Liang. Effect of Cr doping on the cationic ordering and magnetic properties of $Sr_2(Fe_{1-x}Cr_x)MoO_6$[J]. Physica B 2004, 344: 21-26.

[26] M. García - Hernández, J. L. Martínez, M. J. Martínez - Lope, M. T. Casais, J. A. Alonso. Finding Universal Correlations between Cation Disorder and Low Field Magnetoresistance in FeMo Double Perovskite Series[J]. Phys. Rev. Lett, 2001, 86: 2443-2446.

[27] O. Chmaissem, R. Kruk, B. Dabrowski, D. E. Brown, X. Xiong, S. Kolesnik, J. D. Jorgensen, C. W. Kimball. Structural phase transition and the electronic and magnetic properties of Sr_2FeMoO_6[J]. Phys. Rev. B, 2000, 62: 14197-14206.

第五章 磁电阻氧化物 Sr_2FeMoO_6 的空穴掺杂效应

第一节 背景介绍

根据前面两章的研究结果，用三价稀土离子替代二价锶离子后，Sr_2FeMoO_6 氧化物的物理性质确实发生了很大变化，例如，化合物的居里温度被提高，B 位有序度和磁电阻效应被降低等。然而，空穴掺杂对 Sr_2FeMoO_6 氧化物的物理性能的影响却报道得很少，而且结果不尽相同。如图 5-1 所示，Sánchez 等人对 $Sr_{2-x}FeMoO_6$ 的研究结果表明[1]，由于费米面处巡游电子态密度的减少，Fe、Mo 间的磁相互作用减弱，因此化合物的居里温度随空穴掺杂量的提高而明显降低。化合物的有序度随掺杂量的提高稍微增大，然而其饱和磁矩却随掺杂量的提高而明显降低，这与公认的饱和磁矩和反位缺陷浓度的线性关系是相矛盾的。然而 Kim 等人[2]却认为 K 掺杂的 $Ba_{2-x}K_xFeMoO_6$ 化合物中的有序度是随空穴含量的提高而降低的，因此其饱和磁矩也随空穴含量的增大而降低。同样，由于费米面处巡游电子密度的降低，化合物的居里温度也被显著降低。Sánchez 等人对 $Sr_2FeMo_{1-x}W_xO_6$ 的研究结果也表明[3]，化合物的居里温度确实由于巡游电子数量的减少而降低。因此，与电子掺杂的结果相反，空穴掺杂将减弱 Fe、Mo 间的磁相互作用从而降低化合物的居里温度。然而目前空穴掺杂的研究工作尚处于初始阶段，诸多问题还不是很清楚，如文献[1-2]报道的空穴掺杂对化合物有序度的影响不一致，而且也没有详细分析空穴掺杂对化合物饱和磁矩、电子结构、亚铁磁稳定性等物理性质的影响。为进一步了解空穴掺杂对 Sr_2FeMoO_6 的晶体结构、饱和磁矩和居里温度等物理性质的影响，本章利用溶胶—凝胶法合成了 $(Sr_{2-x}Na_x)FeMoO_6(x=0,0.05,0.1,0.15,0.2)$ 化合物并利用 X 射线衍射、电测量、磁测量等手段系统研究了其物理性质的变化及其原因。

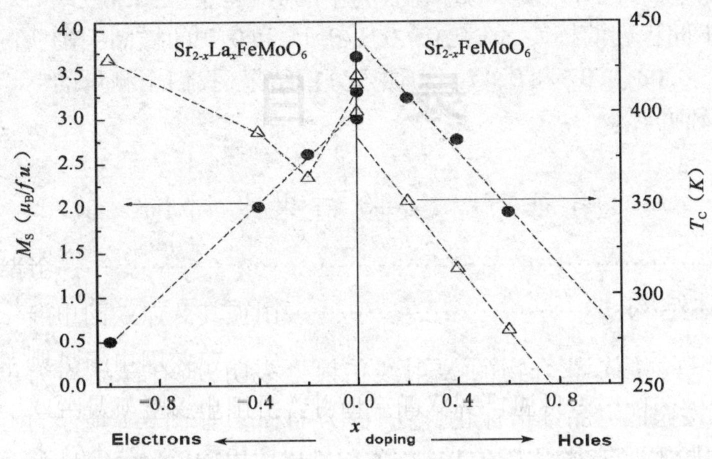

图 5-1 空穴掺杂和电子掺杂的 Sr_2FeMoO_6 的饱和磁矩和居里温度随掺杂量的变化

注:实心圆代表化合物的饱和磁矩,空心三角代表化合物的居里温度。

第二节 材料的制备及实验方法

多晶$(Sr_{2-x}Na_x)FeMoO_6$($x=0,0.05,0.1,0.15,0.2$)样品是用溶胶—凝胶技术合成的。首先,将适量分析纯以上的 $Sr(NO_3)_2$(99.5%)、$NaNO_3$(≥99%)、$Fe(NO_3)_3 \cdot 9H_2O$(≥98%)和$(NH_4)_6Mo_7O_{24} \cdot 4H_2O$(≥99%)溶液均匀混合,得到浅绿色透明胶体。此时向胶体中加入适量柠檬酸($C_6H_8O_7 \cdot H_2O$)以防止生成的小分子胶体发生缩聚反应。第二,将胶体置于60℃左右的水浴中促使其进一步反应并失去大部分有机溶剂转化成凝胶。第三,将凝胶首先在250℃左右灼烧成粉,然后再在700℃下预烧5h,以使其中的柠檬酸充分分解并挥发。最后在1 100℃、5%的 H_2/Ar 混合气体中烧结3h。

室温 X 射线粉末衍射实验(XRD)是在日本理学 RigakuD/Max2500 型衍射仪上完成的,该衍射仪采用的是 Cu 靶 K_α 辐射和石墨单色器。数据收集采用的是步进方式,步长为 $2\theta = 0.02°$,每步收集时间为 1s,收集范围为 $15° \leqslant 2\theta \leqslant 140°$。磁化曲线是在超导量子干涉仪(SQUID)上完成的,测量温度为5K,加场范围为0~5T。热磁曲线是在振动样品磁强计(VSM)上完成的,所加磁场为0.05T。

考虑到 Na 的熔点较低,高温下可能挥发,因此我们利用电感耦合等离子体原子发射光谱 ICP-AES(Inductively Coupled Plasma-Atomic Emission Spectroscopy)方法检测了($Sr_{2-x}Na_x$)$FeMoO_6$ 化合物中的 Na 含量。结果发现,所有样品中的 Na 均有不同程度的挥发,$x=0.05$、0.1、0.15 和 0.2 的样品中的实际 Na 含量分别为 0.02、0.03、0.07 和 0.17。为便于分析结果,我们用测量的 Na 含量作为横坐标分析数据。

第三节 实验结果及讨论

一、晶体结构

$(Sr,Na)_2FeMoO_6$ 化合物的 X 射线衍射谱表明,所有样品均为单相,室温 XRD 数据可按照四方晶系指标化,空间群为 I4/m。如图 5-1 所示,由于 Fe、Mo 原子的有序排列,所有样品都在 19°左右有一超结构衍射峰。如前所述,我们定义化合物的有序度 $\eta=1-AS$,其中 AS 表示反位缺陷浓度。当样品完全有序时,其有序度 $\eta=100\%$,$AS=0$;随着反位缺陷浓度的增大,一部分 Mo 占据了 Fe 子晶格位置,同时有相同量的 Fe 占据了 Mo 子晶格位置,当 Fe(Mo)位的 Mo(Fe)含量达到 50% 时,样品呈完全无序状态,Fe、Mo 随机占据 $A_2BB'O_6$ 的 B、B'位置。如前所述,双钙钛矿型氧化物 Sr_2FeMoO_6 的 B 位有序度与 Fe 离子和 Mo 离子间的电荷差别紧密相关,差别越大,B 位有序度就越高。如前两章的研究结果,由于掺杂电子选择性地进入 Mot_{2g} 轨道,Fe 离子和 Mo 离子间的电荷差别被降低,因此 Sr_2FeMoO_6 氧化物的 B 位有序度随掺杂电子含量的提高而急剧下降。如图 5-2 插图所示,在空穴掺杂的$(Sr,Na)_2FeMoO_6$ 体系中,掺杂样品的有序度都比母体化合物的高,这与(101)超结构衍射峰的强度变化是一致的。当$0\leqslant x\leqslant 0.03$时,化合物的有序度随掺杂含量的提高而增大:母体化合物的有序度为 78.07%,当 Na 掺杂含量增大至 0.03 时,化合物的有序度提高至 86.59%。然而,随着 Na 掺杂含量的进一步提高,化合物的有序度稍有下降,$x=0.17$ 化合物的有序度为 83.9%。与电子掺杂的结果类似,Fe/Mo 有序度的提高说明 Fe、Mo 位阳离子的电荷差别可能增大。自旋向下的子能带可能被空穴载流子部分地填充。由于 Na^+ 离子的有效半径比 Sr^{2+} 离子的有效半径小,因此化合物的晶格常数和单胞体积随掺杂含量的提高而减小,具体数值见表 5-1。我们根据 Fullprof 全谱拟合结构精修程序及 XRD 数据精修了所有样品的晶体结构,在此过程中,Na 含量固定为实际测量含量,氧的温度因子固定为 Sánchez 等[4] 通过精修中子衍射数据得出的温度因子值。由于温度因子和占有率具有很强的关联性,因此在最初几轮的精修中,我们把 Sr、Fe、Mo 的温度因子和反位缺陷分别独立精修,等二者基本稳定后再把背底、峰形参数、原子位置、温度因子、有序度等所有参数一起放开来修。作为示例,图 5-3 给出了($Sr_{1.9}Na_{0.03}$)$FeMoO_6$ 化合物的 X 射线衍射精修图,理论曲线和实验曲线吻合的很好,所有样品的 R_{WP} 和 Re 值都达到了可接受值,具体结构数据见表 5-1。

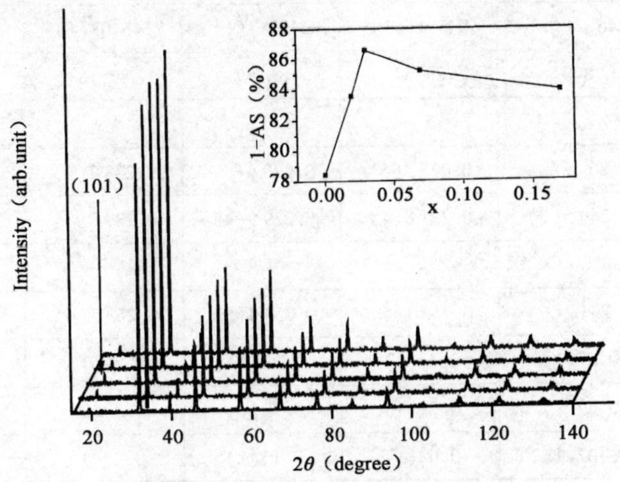

图 5-2　(Sr, Na)$_2FeMoO_6$ 化合物的 X 射线衍射谱

注:由下到上依次为 $x=0,0.02,0.03,0.07$ 和 0.17。箭头所示为(101)超结构衍射峰。插图为(Sr_2-xNax)$FeMoO_6$ 化合物的有序度随掺杂量的变化曲线。

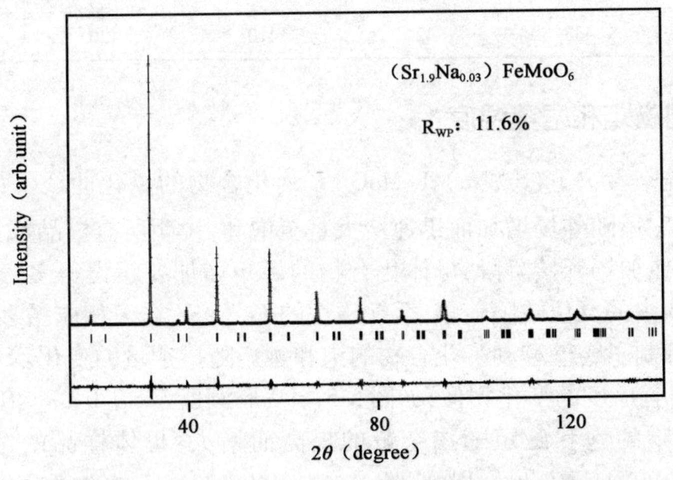

图 5-3　($Sr_{1.9}Na_{0.03}$)$FeMoO_6$ 化合物的 X 射线衍射精修图

$(Sr, Na)_2FeMoO6$ 系列化合物的晶格参数、原子位置、温度因子、有序度、饱和磁矩及居里温度　　表 5-1

各项参数	$x=0$	$x=0.02$	$x=0.03$	$x=0.07$	$x=0.17$
$a(\mathring{A})$	5.5714(1)	5.5710(1)	5.5707(1)	5.5702(1)	5.5700(1)
$c(\mathring{A})$	7.8998(2)	7.8994(1)	7.8993(1)	7.8991(1)	7.8989(1)
$V(\mathring{A}^3)$	245.21(1)	245.16(1)	245.13(1)	245.08(1)	245.06(1)
$\eta(\%)$	78.07	83.57	86.59	85.18	83.90
$O_1 8h(xy0)$					
x	0.2601(8)	0.2755(5)	0.2785(5)	0.2782(7)	0.2786(7)
y	0.2445(7)	0.2318(4)	0.2299(4)	0.2298(5)	0.2299(4)
$O_2 4e(00z)$					
z	0.2512(6)	0.2521(5)	0.2544(5)	0.2535(6)	0.2543(5)
$B_{Sr/Na}(\mathring{A}^2)$	0.67(1)	0.43(1)	0.21(1)	0.21(1)	0.09(1)
$B_{Fe}(\mathring{A}^2)$	0.39(1)	0.21(1)	0.39(1)	0.58(2)	0.69(2)
$B_{Mo}(\mathring{A}^2)$	0.02(1)	0.08(1)	0.15(1)	0.27(1)	0.28(1)
$R_{WP}(\%)$	12.0	11.0	11.6	13.7	12.0
$R_e(\%)$	5.49	5.63	5.66	5.63	5.65
$M_S(\mu_B/f.u.)$	2.18	2.81	3.17	3.21	3.04
$T_C(K)$	438	424	410	420	419

二、饱和磁矩和居里温度

我们首先来看一下$(Sr,Na)_2FeMoO_6$ 系列化合物的磁化曲线。如图 5-4 所示,化合物的磁矩随外场增加而迅速增大直至饱和,说明所有样品都具有铁磁特性。很明显,在加场开始阶段,母体化合物的磁矩增加要缓慢得多,这主要是因为母体化合物中的反位缺陷较多,反铁磁性的 Fe-O-Fe 补丁相应增多,这些钉扎中心的存在抑制了畴壁移动。化合物的饱和磁矩随掺杂量的变化示于图 5-4 和表 5-1 中。与有序度的变化相似,如图 5-5 中实心圆所示,在 $0\leqslant x\leqslant 0.07$ 的掺杂范围内,化合物的饱和磁矩随掺杂量的提高而增大:母体样品的饱和磁矩为 $2.18\mu_B/f.u.$,当 Na 掺杂量提高至 $x=0.07$ 时样品的饱和磁矩增大至 $3.21\mu_B/f.u.$。然而,当掺杂量 $x=0.17$ 时,化合物的饱和磁矩却稍有降低,$M_S=$

$3.04\mu_B/f.u.$。根据 Ogale 等人的研究结果,化合物的饱和磁矩随反位缺陷的增加而降低[5]。基于亚铁磁 FIM 模型[6],母体化合物 Sr_2FeMoO_6 的饱和磁矩 $M_S = m_\uparrow - m_\downarrow$,其中 $m_\uparrow$ 表示自旋向上子能带的磁矩,$m_\downarrow$ 表示自旋向下子能带的磁矩。作为一级近似,简单的 FIM 模型并没有考虑 Fe、O 和 Mo 间的杂化并且假设 Fe、Mo 子晶格的磁矩反铁磁耦合。在只考虑 Fe^{3+} 和 Mo^{5+} 离子的自旋贡献的情况下,母体化合物 Sr_2FeMoO_6 的饱和磁矩 $M_S = 4 - 8y$,其中 y 为 Rietveld 精修得到的化合物的反位缺陷值。如果不考虑空穴掺杂引起的 Fe、Mo 位阳离子价态改变,掺杂样品的饱和磁矩也可用 $M_S = 4 - 8y$ 表示。由此计算的饱和磁矩值如图 5-4 实心方块所示。可以看到,计算值与实验值差别较大,而且变化趋势也不尽相同。这说明掺杂样品的饱和磁矩不能仅仅考虑反位缺陷的影响。与电子掺杂的结果相反,Na 掺杂在 Sr_2FeMoO_6 化合物中引入了空穴,掺杂一个 Na 原子引入一个空穴,蒸发一个 Na 原子引入两个空穴,那么 $x = 0$、0.02、0.03、0.07 和 0.17的样品中的总的空穴浓度应为 $\delta = 0$、0.08、0.17、0.23 和 0.23。与上一部分有序度的分析一致,如果这些空穴选择性地进入自旋向下的子能带,那么自旋向下子能带的总磁化强度就会减少 δ,而自旋向上子能带的总磁化强度几乎不变,因此化合物的整体磁矩就会增加 δ。此时,上式应修改为 $M_S = 4 - 8y + \delta$。由此计算的饱和磁矩如图 5-5 实心圆所示,计算值与实验值变化趋势一致,而且差别较小,这也说明本实验中的空穴确实可能进入了 Mo 的 t_{2g} 轨道。

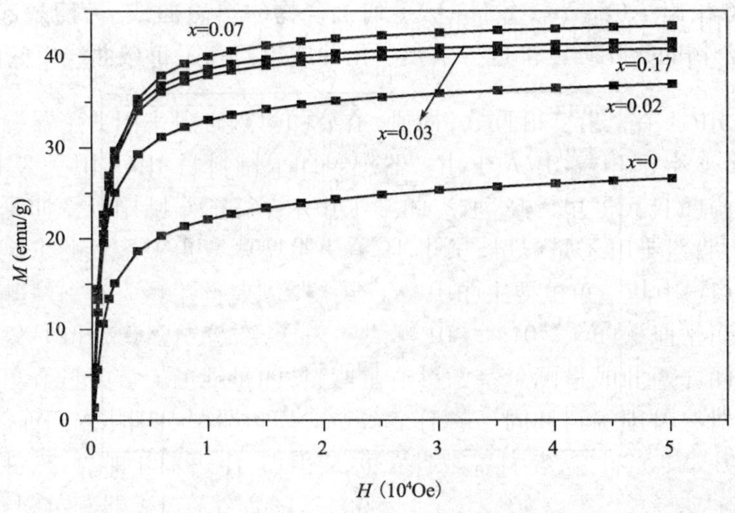

图 5-4 $(Sr, Na)_2FeMoO_6$ 系列化合物的磁化曲线

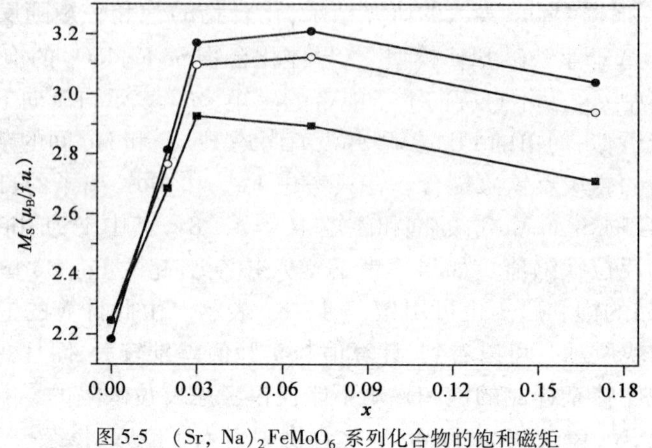

图 5-5 (Sr, Na)$_2$FeMoO$_6$ 系列化合物的饱和磁矩

注:实心圆表示实验值,实心方块表示仅考虑反位缺陷时的计算值,空心圆表示把空穴影响和反位缺陷都考虑在内时的计算值。

根据前人的研究结果[7-10],Fe^{3+} 的 $3d$ 电子($3d^5$;$t_{2g}^3e_g^2$;$S=5/2$)主要为局域态,而 Mo^{5+} 的 $4d$ 电子($4d^1$;t_{2g}^1;$S=1/2$)为巡游态,巡游的 $4d$ 电子在 Fe^{3+}-O-Mo-O-Fe^{2+} 之间跃迁,形成类双交换的电荷输运机制。从磁性方面看,局域性的 Fe^{3+} $3d$ 电子和巡游性的 Mo^{5+} $4d$ 电子反铁磁耦合,形成强烈的磁相互作用。磁相互作用的强弱取决于巡游电子态密度,这一点已被电子掺杂的研究结果强有力地证实。图 5-6 给出了(Sr, Na)$_2$FeMoO$_6$ 系列化合物的热磁曲线,为清楚起见,我们将所有化合物的磁化强度都进行了归一化并适当提高了每条曲线以间隔开来。

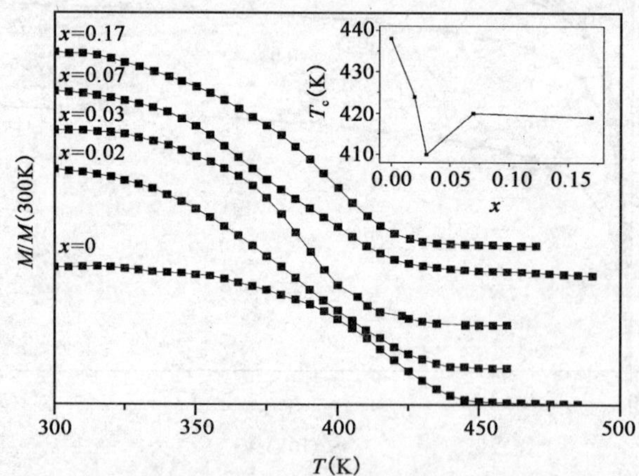

图 5-6 (Sr, Na)$_2$FeMoO$_6$ 系列化合物的归一化热磁曲线

注:插图为化合物的居里温度随掺杂量的变化关系。

由此得到的化合物的居里温度如图 5-6 中插图所示,具体数值见表 5-1。可以看到,掺杂样品的居里温度明显降低,这可能是空穴掺杂降低了费米面处巡游电子态密度从而减弱了 Fe、Mo 间的磁相互作用导致的。此外,化合物居里温度的变化并不是线性的而是随掺杂量的提高先减小后增大。类似的现象在($La_{1-x}Ca_x$)MnO_3 体系中也曾有过报道。如绪论中所介绍,Sr_2FeMoO_6 氧化物的费米面位于自旋向下子能带的价带中,而自旋向下的子能带是由杂化的 O2p、Fe3dt_{2g}和 Mo4dt_{2g}组成的,因此我们认为居里温度的这种非单调变化可能是由于费米面处电子态密度比 n_{Mo}/n_{Fe}的变化造成的。根据 Kuepper 等[11] 对态密度的计算结果(图 5-7),如果有少量空穴掺杂到 Sr_2FeMoO_6 体系中,那么 n_{Mo} 和 n_{Fe} 都会降低,但 n_{Mo} 比 n_{Fe} 降低得快,因此电子态密度比 n_{Mo}/n_{Fe} 降低,化合物的居里温度也就相应降低。随着空穴浓度的进一步提高,n_{Mo} 和 n_{Fe} 继续降低。当空穴浓度增大到某一域值时,n_{Fe} 就会急剧下降,而 n_{Mo} 降低得比较缓慢。此时 n_{Mo}/n_{Fe} 比先前有所提高,化合物的居里温度也就相应提高。

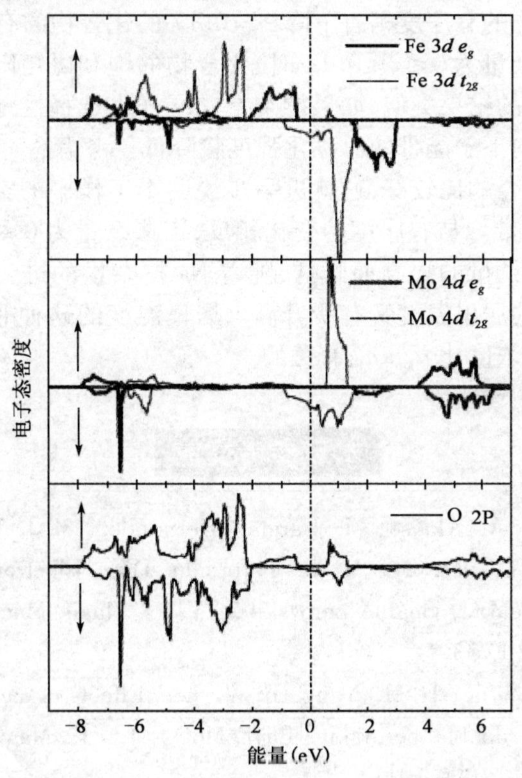

图 5-7　Sr_2FeMoO_6 氧化物的态密度

本工作中空穴浓度的域值约为 $\delta = 0.23$。当空穴浓度 $\delta < 0.23$ 时（掺杂含量 $x = 0, 0.02$ 和 0.03 的化合物），n_{Mo}/n_{Fe} 随掺杂量的提高而降低，化合物的居里温度也随之降低，当空穴浓度 $\delta \geq 0.23$ 时（掺杂含量 $x = 0.07$ 和 0.017 的化合物），n_{Mo}/n_{Fe} 随掺杂量的提高而逐渐升高，化合物的居里温度也相应增大。

第四节　本章小结

本工作利用溶胶—凝胶技术制备了空穴掺杂的 $(Sr_{2-x}Na_x)FeMoO_6$ 系列化合物。晶体结构研究表明所有样品均为单相，属于四方晶格，空间群为 I4/m。由于 Na 的有效离子半径小于 Sr 的有效离子半径，因此化合物的晶格常数和单胞体积随掺杂量的提高而降低。Rietveld 结构精修表明当掺杂量为 $0 \leq x \leq 0.03$ 时，化合物的有序度随掺杂量的提高而增大：母体化合物的有序度为 78.44%，当掺杂量提高至 $x = 0.03$ 时，化合物的有序度增大至 86.59%，但随着掺杂量的进一步提高，化合物的有序度稍有下降，$x = 0.17$ 的化合物的有序度为 83.90%。磁测量表明，当掺杂量为 $0 \leq x \leq 0.17$ 时，化合物的饱和磁矩随掺杂量的提高而增大。与电子掺杂的结果类似，如果掺杂空穴同样也选择性地进入自旋向下的子能带，那么自旋向下子能带的总磁化强度将降低。考虑这一点后，饱和磁矩的计算值与实验值符合的比较好，这就进一步说明本工作中的空穴可能确实进入了自旋向下的子能带。与有序度的变化相反，当掺杂量为 $0 \leq x \leq 0.03$ 时，化合物的居里温度随掺杂量的提高而降低，随着 Na 掺杂量的进一步提高，$x = 0.07$ 和 0.17 的化合物的居里温度又有所升高。居里温度的这种非线性变化可能是与费米面处载流子浓度比 n_{Mo}/n_{Fe} 有关的。

本章参考文献

[1] D. Sánchez, J. A. Alonso, M. García – Hernández, M. J. Martínez-Lope, M. T. Casais, J. L. Martínez M. T. Fernández-Díaz. Electron and hole doping effects in Sr_2FeMoO_6 double perovskites[J]. J. Magn. Magn. Mater., 2004, 272-276: 1732-1733.

[2] J. Kim, J. G. Sung, H. M. Yang, B. W. Lee. Effects of carrier dping on Curie temperature in double perovskite Ba_2FeMoO_6[J]. J. Magn. Magn. Mater., 2005, 290-291: 1009-1011.

[3] D. Sánchez, J. A. Alonso, M. García-Hernández, M. J. Martínez-Lope, M.

T. Casais. Hole doping effects in $Sr_2FeMo_{1-x}W_xO_6(0 \leqq x \leqq 1)$ double perovskites: a neutron diffraction study[J]. J. Phys.: Condens. Matter, 2005, 17: 3673-3688.

[4] D. Sánchez, J. A. Alonso, M. García – Hernández, M. J. Martínez-Lope, J. L. Martínez. Origin of neutron magnetic scattering in antisite – disordered Sr_2FeMoO_6 double perovskite[J]. Phys. Rev. B, 2002, 65: 104426.

[5] A. S. Ogale, S. B. Ogale, R. Ramesh, T. Venkatesan. Octahedral cation site disorder effects on magnetization in double-perovskite Sr_2FeMoO_6: Monte Carlo simulation study[J]. Appl. Phys. Lett., 1999, 75: 537-539.

[6] Ll. Balcells, J. Navarro, M. Bibes, A. Roig, B. Martínez, and J. Fontcuberta, Cationic ordering control of magnetization in Sr_2FeMoO_6 double perovskite [J]. Appl. Phys. Lett., 2001, 78: 781-783.

[7] D. D. Sarma. A new class of magnetic materials: Sr_2FeMoO_6 and related compounds[J]. Curr. Opin. Solid State Mater. Sci., 2001, 5: 261-268.

[8] K.-I. Kobayashi, T. Kimura, Y. Tomioka, H. Sawada, K. Terakura, Y. Tokura. Intergrain tunneling magnetoresistance in polycrystals of the ordered double perovskite Sr_2FeReO_6[J]. Phys. Rev. B, 1999, 59: 11159-11162.

[9] A. Peña, J. Gutiérrez, L. M. Rodríguez – Martínez, J. M. Barandiarán, T. Hernández, T. Rojo. Magnetic order changes in Al substituted Sr_2FeMoO_6 double perovskites[J]. J. Magn. Magn. Mater., 2003, 254 – 255: 586-588.

[10] Y. Tomioka, T. Okuda, Y. Okimoto, R. Kumai, K.-I. Kobayashi, Y. Tokura. Magnetic and electronic properties of a single crystal of ordered double perovskite Sr_2FeMoO_6[J]. Phys. Rev. B, 2000, 61: 422-427.

[11] K. Kuepper, M. Kadiroğlu, A. V. Postnikov, K. C. Prince, M. Matteucci, V. R. Galakhov, H. Hesse, G. Borstel, M. Neumann. Electronic structure of highly ordered Sr_2FeMoO_6: xps and XES studies[J]. J. Phys.: Condens. Matter. 2005, 17: 4309.

图书在版编目(CIP)数据

双钙钛矿型磁电阻氧化物的掺杂效应 / 张芹著. — 北京:人民交通出版社股份有限公司, 2015.8

ISBN 978-7-114-12427-3

Ⅰ. ①双… Ⅱ. ①张… Ⅲ. ①钙钛矿型结构—电阻—氧化物—磁性材料—研究 Ⅳ. ①TM271

中国版本图书馆 CIP 数据核字(2015)第 183584 号

书　　名: **双钙钛矿型磁电阻氧化物的掺杂效应**
著 作 者: 张　芹
责任编辑: 王　霞　王景景
出版发行: 人民交通出版社股份有限公司
地　　址: (100011)北京市朝阳区安定门外外馆斜街 3 号
网　　址: http://www.ccpress.com.cn
销售电话: (010)59757973
总 经 销: 人民交通出版社股份有限公司发行部
经　　销: 各地新华书店
印　　刷: 北京鑫正大印刷有限公司
开　　本: 720 × 960　1/16
印　　张: 8
字　　数: 143 千
版　　次: 2015 年 8 月　第 1 版
印　　次: 2015 年 8 月　第 1 次印刷
书　　号: ISBN 978-7-114-12427-3
定　　价: 28.00 元
(有印刷、装订质量问题的图书由本公司负责调换)